电力增材再造技术

DIAN LI ZENG CAI
ZAI ZAO JI SHU

刘晓明　辛力坚　曹　斌　等 编

中国电力出版社
CHINA ELECTRIC POWER PRESS

内容提要

本书首先介绍了增材再造的概念、国内外研究的历程及经验、电力行业增材再造的前景；然后对失效分析、断口分析、无损探伤分析等技术进行综合对比，进而列举了电力增材再造常用的焊接、堆焊、热喷涂、电刷镀、电火花表面强化等常用方法，系统分析了电力金属部件所用低碳钢、低合金钢、耐热钢、不锈钢的焊接方法、焊接工艺、焊接预热及焊后热处理工艺，介绍了铸钢、铸铁件的焊接、热处理及检验工艺，阐述了利用表面工程技术手段增材再造受热面管道、典型转动部件，重点结合工程实际案例，对增材再造方法及工艺要点进行全面总结；最后对纳米喷涂材料的制备方法、纳米涂层的制备及测试进行系统论述，为利用纳米技术实施电力增材再造提供理论指导和工程实际参考。

本书在介绍利用焊接和其他表面工程技术手段实施电力增材再造时立足实际应用，在介绍利用纳米方法实施电力增材再造时注重理论研究，集实践经验、理论分析于一体。本书可供电力金属监督人员、焊接技术人员、焊工，大专院校材料科学与工程、增材制造工程及相关专业人员参考使用。

图书在版编目（CIP）数据

电力增材再造技术 / 刘晓明等编. -- 北京 ：中国电力出版社，2024. 9. -- ISBN 978-7-5198-9265-4

Ⅰ. TM4

中国国家版本馆 CIP 数据核字第 20240QR548 号

出版发行：中国电力出版社
地　　址：北京市东城区北京站西街 19 号（邮政编码 100005）
网　　址：http://www.cepp.sgcc.com.cn
责任编辑：闫柏杞（010-63412793）　刘汝青
责任校对：黄　蓓　马　宁
装帧设计：赵姗姗
责任印制：吴　迪

印　　刷：三河市万龙印装有限公司
版　　次：2024 年 9 月第一版
印　　次：2024 年 9 月北京第一次印刷
开　　本：787 毫米×1092 毫米　16 开本
印　　张：10.75
字　　数：213 千字
印　　数：0001—1000 册
定　　价：98.00 元

本书编委会

主编 刘晓明 辛力坚 曹 斌

参编 杨 静 马 文 高云鹏 刘继鹏 汪 鹏 王福斌

王 旭 张洪波 张宝瑞 陈 鹏 刘德诚 李振荣

赵 禺 李岩玮 孟庆天 韩吉伟 郑 伟 徐也童

闫侯霞 公维炜 田 峰 原 帅 张艳飞 谢利明

张栋翔 王 宇 图布信 李 明 王安迪 高会芳

前　言

电力增材再造可使电力行业废旧产品中蕴含的价值得到最大限度的开发和利用，是废旧电力产品资源化的最佳形式和首选途径，是节约资源的重要手段。失效分析、材料断口分析、无损探伤分析为电力增材再造提供了失效原因分析手段。对于电力可焊钢材、铸钢铸铁部件、受热面管道、典型转动部件等电力增材再造的主要部件，在焊接技术、堆焊技术、热喷涂技术、电刷镀技术和电火花表面强化技术这几种常用的增材再造方法中选择恰当的再造方法，配备恰当的再造材料，制定并严格执行恰当的再造工艺将显得非常重要。不仅如此，传统微米增材再造方法已经无法完全满足电站快速发展所带来的新要求，纳米增材再造方法因其显著改善电站金属部件的组织结构并赋予这些部件新的性能而成为未来治理方法发展趋势。阐明纳米喷涂材料的制备方法，综合对比微米、纳米复合涂层的综合性能，为电力增材再造治理提供纳米治理方法具有重要的工程实际意义。

本书第一章主要介绍增材再造的概念、国内外研究的历程及经验、电力行业增材再造的前景；第二章主要介绍失效分析、断口分析、无损探伤分析等技术手段，为电力失效部件查明失效原因提供技术手段；第三章主要介绍电力增材再造常用的几种方法及特点；第四章主要介绍电力可焊钢材增材再造所采用的焊接及热处理工艺；第五章主要介绍铸钢铸铁部件增材再造时的焊接及热处理、检验工艺；第六章主要介绍电力受热面典型失效形式、增材制造时所用热喷涂工艺；第七章主要介绍典型转动部件发电机大轴、各类传动轴、磨煤辊、风机叶片、汽轮机叶片等，利用焊接、堆焊、热喷涂、电刷镀、电火花表面强化等手段增材再造时的具体工艺；第八章主要介绍纳米表面工程的特点，纳米团聚造粒方法的特点及应用，新型纳米涂层的制备工艺，综合对比纳米涂层性能特点，结合工程实际应用案例说明了增材再造效果。

本书以工程实际应用案例为基础，重点说明电力增材再造过程中的方法要点。期望读者能够从本书中得到启发，获得一丝帮助。

本书是在内蒙古电力科学研究院领导的大力支持下完成的。在编写过程中，得到了相关专业技术人员提供的技术资料和鼎立协助。内蒙古自治区涂层与薄膜重点实验室提供了技术指导与支持。在此，对给予支持的各位领导、提供协助的各位同事、进行关心的各位朋友表示衷心的感谢！书中参考了专家的著作，引用了前辈的观点，借鉴了同行的经验，在此谨致谢意！

本书由内蒙古电力（集团）有限责任公司内蒙古电力科学研究院分公司自筹科技项目“2023－ZC－1－02 纳米功能涂层在线路材料表面制备及性能研究”资助。

限于作者知识水平，书中疏漏与不足之处在所难免，恳请读者予以批评指正！

编　者

2024 年 9 月

目　录

第一章

电力增材再造概述

电力增材再造是低碳先进制造技术，是对先进制造技术的补充和发展，符合国家绿色循环经济发展，服务于国家“碳达峰、碳中和”目标。电力增材再造是电力设备材料全寿命周期管理的延伸和创新，是实现电力行业可持续发展的重要技术途径。本章阐述了增材再造的概念、内涵、意义，国内外研究现状及电力行业增材再造前景，为技术人员总结增材制造方面的理论基础。

第一节 增材再造概念

电力增材再造是指针对电力行业损坏或将报废的零部件，在性能失效、寿命评估等分析的基础上，采用一系列先进增材再造技术，包括焊接、堆焊、热喷涂、电刷镀、电火花表面强化以及纳米表面工程技术等，对损坏或报废的零部件进行再制造修复处理，使再制造产品质量达到或超过新品的技术过程。

增材再造区别于增材制造，一方面两者所面对的治理对象有所不同，增材再造主要是针对成品或失效的零部件，增材制造主要是针对原材料；另一方面两者的治理目的也有所不同，增材再造主要是恢复乃至提升产品性能，增材制造是生产满足性能要求的产品。

“增材”加工方法是相对于“等材”和“减材”而产生的。传统的铸造、锻压均属于“等材”加工方法，车、铣、刨、磨均属于“减材”加工方法，而焊接、堆焊、热喷涂、电刷镀、电火花表面强化以及纳米表面工程技术则属于“增材”加工方法。增材再造属于再制造技术范畴，是把先进的加工方法纳入现代循环经济技术支撑体系中，为电力行业构建新型电力系统提供有效技术支撑。

一、增材再造内涵

1. 产品报废原则

产品经过长期的服役后，是否“到寿”主要遵循以下原则：

（1）产品的性能是否因落后而丧失使用价值，即是否达到产品的技术寿命；

（2）产品结构、零部件是否因损耗而失去工作能力，即是否达到产品的物理寿命；

（3）产品使用或存储是否合算，即是否达到产品的经济寿命；

（4）产品是否危害环境、消耗过量资源，即是否符合可持续发展。

目前，对待报废产品处理的方法大多采用再循环处理，但所获得的往往是低级的原材料，同时也造成了一定的资源和能源的浪费。世界各国都在积极研究和探寻处理报废产品的合理方法，从而有效地利用资源、最低限度地产生废弃物。在这种形势下，产生了全新概念的再制造工程。

2. 再制造工程技术内容

再制造工程是一个以产品全寿命周期设计和管理为指导，以优质、高效、节能、节材、环保为目标，以先进技术和产业化生产为手段，来修复或改造废旧产品的一系列技术措施或工程活动的总称。其中再制造的对象——“产品”是广义的。它既可以是设备、系统、设施，也可以是其零部件；既包括硬件，也包括软件。再制造工程包括以下的内容：

（1）再制造加工。主要指损坏或报废的零部件、在性能失效分析、寿命评估的基础上，把有剩余寿命的失效、报废零部件作为再制造毛坯，采用表面技术、快速成形技术、修复热处理等加工技术，使其迅速恢复或超过原技术性能和应用价值，形成再制造新产品的工艺过程。

（2）过时产品的性能升级。主要指已达到技术寿命的产品，或是不符合可持续发展要求的产品，通过技术改造、更新，特别是通过使用新材料、新技术、新工艺等，改善产品的技术性能、延长产品的使用寿命、减少环境污染、节约能源和资源。

产品的全寿命周期包括论证设计、制造、使用、维修、报废五个环节。再制造是产品维修、报废阶段的一种再生处理。对于报废的产品，经过分解、检测之后，其零部件可以分为四类。第一类是性能符合要求的，可继续使用；第二类是有损伤、技术落后或经济性较差的，可通过再制造加工或改造，使性能得以恢复或升级；第三类是在目前的技术条件下无法再制造或经济上已无再制造价值的，通过再循环回收其原材料；第四类是只能作环保处理的产品。再制造的目标是改变这四部分的比例，使可再利用、可再制造的比例尽量增多，使再循环利用和环保处理的比例尽量减少，使报废产品对环境的负影响最小，资源利用率最高。

3. 再制造不同于维修

维修是在产品的使用阶段为了保持其良好技术状况及正常的运行而采取的技术措施，常具有随机性、原位性、应急性。维修的对象为有故障的产品，多以换件为主，辅以单个或小批量的零部件的修复，其设备和技术一般相对落后，而且形不成批量生产。维修后的产品多数在质量性能上难以达到新品水平。

再制造是将大量相似的报废产品回收到工厂拆卸后，按零部件的类型进行收集和检测，以有剩余寿命的报废零部件（不排除修理时更替下来的失效零部件）作为再制造毛坯，利用高新技术对其进行批量化修复、性能升级，所获得的再制造新产品在技术性能上和质量上都能达到甚至超过新品的水平。此外，再制造具有规模化的生产模式，它有利于生产自动化和产品的在线质量监控，有利于降低成本、降低资源和能源消耗、减少环境污染，能以最小的投入获得最大经济效益。显然，再制造可以使维修和报废处理得到跨越式发展。

4. 再制造不同于再循环

再循环是狭义的“回收”，它是传统的“回收”概念。再循环一般用于可消费品（如报纸、玻璃瓶、铝制易拉罐等），也可用于耐用品（如汽车发动机、机电产品等）。一旦这些商品被废弃以后，就可以进行再循环，即把它们从废物流中移出，通过回炉冶炼等加工返回到原材料的形式。再循环减少了废弃垃圾的数量，增加了地球上的可用原材料资源。

再制造是广义上的“回收”概念，是最大限度重新利用报废产品的“回收”方式。国外专家指出“再制造区别于再循环，因为再循环所回收的只是原材料本身价值，而再制造重新获得了产品的附加值”。产品附加值是指在产品的制造过程中加入到原材料成本中的劳动力、能源和加工设备损耗等成本。一般来说，产品的附加值要远远高于原材料成本。如玻璃瓶，其原材料成本不超过产品成本的5%，另外的95%则是产品的附加值。再循环不但不能回收产品的附加值，而且还需要增加劳动力、能源和加工成本，才能把报废产品转变成原材料。而再制造由于能回收产品的附加值，能使产品具有等同于甚至高于新品的性能和质量，因而其生产成本要远远低于用再循环所得原材料制成的新品成本。这正是再制造被认为是最优的“回收”方式的原因。再制造产品是生态产品，且其成本低于新品，因此有着广阔的发展前景。

二、增材再造意义

增材再造是为了适应节约资源、保护环境的可持续发展需要而形成并正在发展中的新兴研究领域和新兴产业，在国外仅有几十年的历史，而我国也仅发展二十年左右。关于再制造工程的研究体系还正在探讨之中，增材再造是通过多个学科综合、交叉、渗透而正在形成中的新兴学科。

1. 增材再造是对先进制造技术的补充和发展

先进制造技术是制造业不断吸收信息、机械、电子、材料技术及现代系统管理的新成果，并将其综合应用于产品的设计、制造、使用、维修乃至报废处理的全过程，以及组织管理、信息收集反馈处理等，以实现优质、高效、低耗、清洁、灵活生产，提高对动态多变的产品市场适应能力和竞争能力，获得最佳的技术效益和经济效益的一系列通用的制造技术。世界各国都把先进制造技术列为重点发展的科技方向，重视先进制造技术的发展，已经把先进制造技术列为21世纪的六项关键技术之一。增材再造与先进制造技术具有同样的目的、手段、途径及效果，它已成为先进制造技术的组成部分。

增材再造是在报废的或过时的产品上进行的一系列修复或改造活动，要恢复、保持甚至提高产品的技术性能，有很大的技术难度和特殊的约束条件。这就要求在再制造过程中必须采用比原始产品制造更先进的高新技术。实际上，增材再造的关键技术，如纳米复合及原位自愈合生长技术、修复热处理技术、应急维修技术、过时产品的性能升级技术等，都属于高新技术范畴。再者，一些重要的产品从论证设计到制造定型，直到投入使用，其周期往往需要十几年甚至几十年的时间，在这个过程中原有技术会不断改进，新材料、新技术和新工艺会不断出现。增材再造工程能够在很短的周期内将这些新成果应用到再制造产品上，从而提高产品质量、降低成本和能耗、减小环境污染，同时也可将这些新技术的应用信息及时地反馈到设计和制造中，大幅度提高产品的设计和制造水平。因此，增材再造工程在应用最先进的设计和制造技术对报废产品进行修复和改造的同时，又能够促进先进设计和制造技术的发展，为新产品的设计和制造提供新观念、新理论、新技术和新方法，加快新产品的研制周期。增材再造工程扩大了先进制造技术的内涵，是先进制造技术的重要补充和发展。

2. 增材再造是全寿命周期管理工作的延伸

目前，国内外越来越重视产品的全寿命周期管理。传统的产品寿命周期是从设计开始，到报废结束。全寿命周期管理要求不仅要考虑产品的论证、设计、制造的前期阶段，而且还要考虑产品的使用、维修直至报废品处理的后期阶段，其目标是在产品的全寿命周期内，使资源的综合利用率最高，对环境的负影响最小，费用最低。再制造工程在综合考虑环境和资源效率问题的前提下，在产品报废后能够高质量地提高产品或零部件的重新使用次数和重新使用率，从而使产品的寿命周期成倍延长，甚至形成产品的多寿命周期。因此，增材再造是产品全寿命周期管理的延伸。

增材再造设计是产品全寿命周期设计的重要方面。在以往的产品开发过程中，大多采用顺序工程设计和并行独立设计，对产品投入使用后的维修和报废后的处理在设计阶段考虑过少。而全寿命周期设计是一个系统集成的设计，它以并行的方式设计产品及其相关过程，要求设计人员在一开始就自觉地考虑产品整个生命周期，即从概念形成到产品完全报废处理的所有因素。全寿命周期设计不仅包括可靠性共性设计（加工性设计、可靠性设计、维修性设计、保障性设计、安全性设计、检试性设计等），而且包括再制造性设计（如可拆卸可装配性设计、模块化设计、通用性设计、可再制造加工性设计、性能升级性设计，材料可重复利用性设计）以及产品的环保处理设计等。为确保产品的可再制造的特性，使其对环境的影响最小并利于可持续发展，关键在于产品设计以及设计所赋予的产品结构和性能特征。产品的再制造性设计，使产品在设计阶段就为后期报废处理时的再制造加工或改造升级打下基础，以实现产品全寿命周期管理的目标。

第二节 增材再造研究现状

世界发达国家，尤其是大型机械设备拥有量较多的国家，都对再制造工程技术高度重视。无论是在理论研究方面还是在产业化方面做了许多工作，在各类科技期刊上每年都有许多相关论述。我国的增材再造研究发展历程很短，电力行业增材再造的研究则刚刚起步。

一、增材再造国外研究现状

美国早在1976年颁布了《资源保护和回收法》，德国在1986年和1987年先后颁布了《废物管理法》和《循环经济和废物管理法》，日本在1991年和1995年分别颁布了《废弃物处理法》和《容器包装再生利用法》。日本非常看重循环利用对社会环境和社会经济的影响，对产品的整个寿命周期进行跟踪与调查，可见发达国家通过立法在再制造领域进行了长远的布局。

在再制造方面国外起步较早，尤其是欧美发达国家在再制造产业已经过了半个世纪多的实践与发展，理论和技术相对国内而言成熟很多，而再制造涉及的领域也非常广泛。欧美的再制造工程应用早已从国防装备等军用领域逐步发展延伸至工程机械、工业设备等基础工业领域，现在已普及到民用汽车领域并得到长足发展。汽车零部件再制造产业占到再制造产业整体的比例已高达56%。在欧洲，再制造产业已经在技术标准、生产工艺、加工设备、供应、销售和售后服务方面形成一套完整的体系，并在多年的发展中积累了成熟的技术和丰富的经验，形成了相当的规模。

世界各国都在再制造领域加大研究力度，再制造涉及国计民生方方面面，再制造在基础技术理论发展更新、汽车零部件再制造、激光再制造技术、新能源汽车动力电池再制造、再制造生态体系建设等方面取得了长足进步。

在再制造领域模型发展方面，2002年D.Taylor等构建了一种通过微裂纹扩展情况来推测零件疲劳寿命的模型，并对它们之间的关系进行讨论。2004年Seliger通过分析再制造中加工能力、时间和资源的优化分配构建了一种再制造工艺规划模型。2006年Franke等结合再制造工艺过程，构建了与加工能力、加工时间和加工设备等有关要素的线性优化模型，并采用仿真技术验证优化结果。2008年Guide和Hundal探讨了可再制造性与再制造设计方案的关系，通过建立再制造性评价模型动态调整再制造设计方案。2009年Rugrungruang等从物质寿命和技术寿命的角度展开研究，进而判断废旧产品再制造性。2009年Kernbaum等结合再制造工艺过程，构建了加工成本和加工批量之间的混合整数优化模型，并对它们之间的相互关系进行了分析。2011年Ferrer等对射频识别技术与再制造之间的关系进行了探讨。

汽车零部件再制造最早起源于欧美地区，汽车零部件再制造是再制造研究最早的领域，距今已有五十多年的发展历史，车用零部件再制造是汽车回收利用行业绿色发展的重要途径之一。2016—2017 年 Akira 及 Kannan 等分别对汽车零部件再制造进行了探究，均得出再制造对经济社会绿色发展有益。

以日本和美国为例，日本的汽车企业如本田、日产等零部件回收率已高达 95%，其中再制造起动机和发电机的份额超过 80%，再制造发动机和变速器的份额超过 90%；美国汽车再制造零部件占到整个售后服务市场份额的 45%～55%左右，一些再制造零部件的份额非常高，接近 100%，例如，发动机和自动变速器的再制造零部件的份额达到 70%以上，而发电机和启动器的再制造零部件的份额超过 90%。日本以及整个欧美将汽车再制造业与本国的环境、资源、经济发展甚至就业都联系到了一起。在美国，汽车再制造业是最大的再制造产业，根据美国汽车零配件再制造协会的统计，2007 年美国从事汽车零部件再制造的企业有 5 万多家，规模约为 360 亿美元。当前，通过再制造生产的汽车零部件占美国汽车售后服务市场份额的 45%～50%，部分再制造零部件所占市场份额甚至达到 100%。进入 21 世纪以来，在装备再制造方面日本也建树颇多，截止到 2008 年，日本已经将再制造件内销转出口了。德国在汽车零部件再制造方面也不逊色，截止到 2004 年，大众汽车公司已经再制造了将近 800 万台汽车发动机，还有约 300 万台变速箱。据统计，国外的再制造工业产值在 2001 年已经达到了惊人的 1000 亿美元。

根据国际清洁交通委员会的相关预测报告，新能源汽车动力电池产业在 2025 年后将会进入快速发展时期。预计 2030 年时中国新能源汽车整体销量将会达到或者超过 1500 万辆，动力电池规模化退役潮也将随之来临。2020 年，我国动力电池退役量累计达 25GWh 左右。因此急需培育新能源汽车动力电池相关回收再制造产业，构建闭环的新能源汽车产业链，这不但可以降低整体的碳排放水平，而且可以实现新能源汽车行业与环境间的和谐以及促进绿色低碳发展。基于以上优点，新能源汽车动力电池回收再制造企业受到了世界各国政府与制造商的瞩目，并且将会蓬勃发展。2019 年国外学者 Cusenza 等撰文证明了建筑物中的退役动力电池能够改善环境的可持续效应。2017 年 Ahmadi 等认为，电池梯次利用可以为清洁能源的过渡提供帮助。

近年来，随着循环经济的发展，许多领域对实现可持续的发展需求日益增强。再制造作为制造业可持续发展的重要延伸领域，其主要目的是实现对废旧机械产品的再制造和再利用，促进废旧资源的循环利用和降低对环境的负面影响。这种新的业态发展模式已经受到了业界的广泛关注。欧美国家作为再制造产业的先驱具有完善的再制造产业体系，一些制造商自行生产再制造品，例如 Caterpillar Caterpillar（美国卡特彼勒公司）成立再制造部门，该部门在 2007 年的业务量超过 20 亿美元，通过其绿色再制造计划节省了 40%～65%的制造成本。德国大众汽车公司作为典型的制造企业，其再制造零部件与新件的销售比例达到 9:1。

二、增材再造国内研究现状

1999 年 12 月，国家自然科学基金将“再制造工程技术及理论研究”作为重点发展领域。我国学者在 2000 年 3 月第一次在国际会议上以论文的形式发表“再制造”的研究结果，标志着国内再制造领域的科学研究的开端；中国工程院在 2000 年发布了《绿色再制造工程及其在我国应用的前景》咨询报告，系统论述了再制造的技术标准、设计基础和关键技术，该研究受到了高度关注。在 2004 年 9 月下旬，我国召开全国循环经济会议；自 2005 开始，随着政府的大力支持和推进，再制造在我国发展步伐明显加快。2006 年中国工程院将产品回收再制造列为建设节约型社会的 17 项重点工程之一并写入咨询报告《建设节约型社会战略研究》。2008 年政府首次批准了十多家再制造试点企业。2009 年 1 月实施的《中华人民共和国循环经济促进法》将再制造加入法制化轨道；2009 年又新增了 35 家再制造试点企业，进一步加速了我国再制造产业的发展。我国的再制造产业已经上升到国家层面，发展势头迅猛而良好。2010 年 5 月，国家发展改革委等 11 部门联合发文宣布，我国将大力发展发电机、汽车发动机、变速箱等零部件的再制造；与此同时，工程机械领域的再制造、机床的再制造等都被视为重点推动对象。2013 年，国家发展改革委等部门颁布了《再制造产品“以旧换再”试点实施方案》，将变速箱以及发动机作为再制造试点工作。2022 年 7 月国家碳达峰碳中和工作领导小组下发文件《工业领域碳达峰实施方案》，文件提出，建立以高效、绿色、循环、低碳为特征的现代工业体系。推进重大低碳技术工艺发展，打造再制造创新载体，加快增材制造、柔性成型、特种材料、无损检测等关键回收再制造技术的创新以及新技术的产业化应用。

国家政策不仅关注再制造试点工作，而且在再制造技术方面也不断提高，包括表面修复技术、剩余寿命预测技术、零件损伤检测技术以及拆解技术等，为了规范再制造技术，相关部门还颁布了一系列再制造技术标准，例如 GB/T 28675—2012《汽车零部件再制造　拆解》。

中国再制造工程方面的研究与系统构建都晚于欧美国家，但是由于该方面研究能够带来环境、经济、社会等多重效益，所以再制造工程在国内的研究得到了各方的大力支持，成果显著。尤其是在汽车再制造方面，其产业体系已初步构建完成，并且具有迅猛发展的势头。

中国的再制造在表面工程技术不断创新（如纳米电刷镀技术、高效能超音速等离子喷涂技术和增材再制造成形技术等）的基础上发展而来，充分发挥了表面工程的技术后发优势，形成了以“尺寸恢复”和“性能提升”为特色的再制造成形模式；以基于零件再制造前剩余寿命与再制造后延期寿命的全寿命周期理论为特色的寿命评估与预测模式；以再制造产品质量特性不低于原型新品为前提，形成了“两型社会、五六七八”的高效益特色绿色模式，即：促进资源节约型和环境友好型社会发展，达到成本为新品的

50%，节能 60%、节材 70%、减排 80%。

总之，目前国内再制造研究已经取得了长足的进步，国家政策也在大力扶持，再制造相关理论和技术也日渐成熟，但随着客户的个性化需求增多，机械产品保有量逐年上升，越来越多的废旧产品涌入市场，再制造相关理论和技术的不足也逐渐凸显。因此，再制造产业还需持续投入研究和政策扶持，促进我国废旧资源的回收再利用和节能减排，使我国顺利完成“双碳”目标。

应该看到，再制造工程在我国的研究应用仅有近二十年的发展，很多项目主要集中在再制造单项技术的研究，以及以概念与结构框架为主的研究上，很少深入到再制造的生产实践中去，远没有形成产业化。上述增材再造的研究历程及成功经验为电力增材再造的技术推广提供了重要的技术参考和有效的成功经验。

第三节　电力行业增材再造前景

20 世纪是人类物质文明飞速发展的时期，也是地球环境和自然资源遭受最严重破坏的时期。环境污染和生态失衡在 20 世纪末已经成为显性危机，成为制约世界经济可持续性发展，威胁人类健康的主要因素之一。保护地球环境、实现可持续发展，已成为世界各国共同关心的问题。进入 21 世纪 20 年代，“双碳”目标成为我国包括电力行业在内各行业所遵循并努力为之奋斗的目标。双碳指的是碳达峰和碳中和的简称。碳达峰是指二氧化碳的排放不再增长，达到一个峰值，之后开始下降的过程。碳中和则是指在一定时间内（通常是一年），通过植树造林、节能减排、碳捕集和封存等技术手段，抵消自身产生的二氧化碳排放量，实现二氧化碳的净零排放。这两个概念是中国提出的应对气候变化的国家战略目标，旨在减少温室气体排放，促进绿色低碳发展。

一、增材再造在其他行业的成功借鉴

1. 可持续发展

可持续发展包括以下重要原则：

（1）发展的持续性，即现代的发展不能影响、损坏未来的发展能力；

（2）发展的整体性和协调性，即人的繁衍、物质的生产、自然界对于人类生活资源和生产资源的产出等几方面构成一个巨型系统，任何一方面不畅通都会危害世界的持续和发展。

我国目前的工业生产模式不符合可持续发展的方针，主要表现为：

（1）环保意识淡薄，回收、再利用意识差，大多是“先污染，后治理”；

（2）只注重降低成本，而不重视产品的耐用性和可再利用性，浪费严重。

我国面临的资源和环境问题尤为突出，一是资源能源短缺，地下矿产等资源的人均

拥有量只相当于世界人均水平的 1/3～1/4；二是环境污染严重，据世界银行专家估计，我国由于水、空气污染造成的经济损失每年为 540 亿元，相当于 1995 年我国民生资源的 1%。人民对美好生活的向往与人均资源占有率偏低和环境污染之间的不协调已经成为日益激化的矛盾，解决这一矛盾的唯一途径就是从传统的制造模式向可持续发展的模式转变，即从高投入、高消耗、高污染的传统发展模式向提高生产效率、最高限度地利用资源和最低限度地产出废物的可持续发展模式转变。再制造工程就是实现这样的发展模式的重要技术途径之一。

2. 再制造工程在生态环境保护和可持续发展中的作用

再制造工程在生态环境保护和可持续发展中的作用，主要体现在以下几个方面：

（1）通过再制造性设计，在设计阶段就赋予产品减少环境污染和利于可持续发展的结构、性能特征；

（2）再制造过程本身不产生或产生很少的环境污染；

（3）再制造产品比制造同样的新产品消耗更少的资源和能源。

再制造工程将成为一个新的经济增长点。

21 世纪以来，维护生态安全，促进循环经济建设，实施绿色发展战略已成为我国关注的重点。我国作为制造大国，资源能源需求及机电产品保有量巨大，所面临的能源耗费、环境破坏、报废设备处理问题尤为严重。降低能耗、减轻污染、有效处理失效机电产品，是我国实现环境友好型和资源节约型强国所面临的严峻挑战。

改革开放以来，我国经济社会快速发展，工业化水平不断提升，工业机械装备也迎来了快速发展阶段。特别是进入 21 世纪以来，传统的工业装备飞速发展，大型舰艇、飞机、盾构机等高附加值装备数量快速增加。与此同时，大量机械装备和电子设备进入报废高峰期。仅以汽车、机床为例，每年报废的汽车、机床数量均在百万台以上，废旧产品的高效回收利用愈加重要；高附加值装备性能渐显落后，亟待升级改造。针对废旧机电产品所采取传统的回收—熔炼—铸造—制造加工的回收利用方式，一方面不能最大限度地利用其使用价值；另一方面还会形成巨大的资源和能源浪费，造成严重的环境污染，成为亟待解决的重要问题。再制造以废旧机电产品为加工对象，巨量的废旧机电产品为再制造提供了充足的“原料”，也对再制造产业规模提出了更高的要求，巨大的再制造需求成为我国再制造产业发展的强劲动力。

政策支持是产业发展的重要保障。为应对日益严峻的资源与环境问题，中国政府将再制造产业作为优先发展领域，通过制定相关政策、法规大力推动再制造产业发展。2009 年 1 月实施的《中华人民共和国循环经济促进法》明确表明国家支持企业开展再制造生产，推动再制造产业发展纳入了法制化轨道。在实施层面，国家相关部委在财政、税收、市场等方面给予政策倾斜，旨在通过对国内优质再制造企业的重点支持，带动我国再制造业整体发展。其中，国家发展改革委牵头组织了“以旧换再”工作，一方面推动再制造产品的生产、销售活动；另一方面促进消费者对再制造产品的认可度。在政府部门的主导下，国内再制造政策法规不断完善，为再制造的快速发展提供了坚强的保障。

进入21世纪以来，计算机技术的飞速发展催生了“互联网+”、大数据、云计算等一大批高新技术，也加快了人工智能、纳米科技、增材制造（3D打印）等高新技术的突破发展。互联网技术为加强再制造系统规划、完善再制造逆向物流系统提供了基础，有望解决废旧机电产品回收逆向物流技术难题。大数据、云计算技术为再制造产品健康监测与寿命评估提供了便利的工具，推动了再制造产品健康监测与寿命评估向精细化的突破。人工智能、纳米科技及3D打印增材制造等技术则进一步提高了再制造产业的生产效率、保障了再制造产品的质量。一系列高新技术的兴起为完善再制造产业链条、丰富再制造生产手段、提高再制造产品质量提供了重要支撑。

2015年5月，《中国制造2025》从国家层面确定了我国建设制造强国的总体战略，提出全面推行绿色制造，大力发展再制造产业，实施高端再制造、智能再制造、在役再制造，推进产品认定，促进再制造产业持续健康发展。再制造是实现绿色制造的有效途径和重要环节，可实现大量报废产品的再利用，降低我国废品处理的强度和需求。作为我国新兴战略性产业，再制造产业是绿色制造的重要组成部分，是实现节能减排和促进循环经济发展的有效途径。

党的十九大以后，为明确再制造产业发展方向，提高再制造相关技术水平和市场再制造信息管理水平，推动绿色发展模式建设，工业和信息化部印发了《高端智能再制造行动计划（2018—2020年）》。其中提出：到2020年，我国将突破一批制约高端智能再制造发展的关键共性技术，发布50项高端智能再制造管理、技术、装备及评价标准，建立中国特色的再制造产品应用市场化机制；推动建立100家高端智能再制造示范企业、技术研发中心、服务企业、信息服务平台、产业集聚区等，以带动我国再制造产业规模达到2000亿元。再制造工程在21世纪将为国民经济的发展带来巨大的效益，有望成为新世纪新的经济增长点。

二、增材再造在电力行业的应用展望

1. 电力增材再造的技术要素

针对电力部件开展增材再造，需要通过以下六个方面因素进行综合研判。

（1）部件的制造工艺及设计寿命。

部件的制造工艺将直接影响到部件的实际使用寿命。而且，这些信息对部件的维护、检修，直至对其进行再制造都有重要意义。因此，要对这些失效部件进行处理，需首先了解该部件设计、制造工艺及各种组织性能。

设计寿命对电力失效部件的处理起到至关重要的作用。失效部件的使用寿命或剩余寿命将决定部件是否治理、如何治理。如果该部件的使用寿命已经达到了其设计寿命，有些部件将不做处理，直接更换。如果性能下降，选材应考虑降低强度级别等。

（2）部件结构的复杂程度及失效部件位置。

部件结构的复杂程度和部件所处的位置是确定采用何种治理工艺的重要依据。有些部件非常复杂，在治理过程中应考虑其变形及应力情况；有些部件处于狭窄区域，不利于焊接，甚至不能进行焊接，在制定工艺时也应进行考虑。

（3）部件的运行工况。

如果不了解电力各部件的运行工况、运行压力、温度、介质，那么对这些失效部件的治理犹如纸上谈兵。例如锅炉的水质及锅炉运行中汽、水品质，直接影响锅炉的安全运行。当汽水品质恶化时，要及时采取紧急措施，直至停炉。锅炉蒸汽参数、蒸发量及水位的异常，会导致超温超压、满水或缺水事故发生。频繁的启停，对电力各部件影响尤为巨大，会导致很多部件疲劳失效。因此，全面掌握部件运行工况、运行压力、温度、介质、启停次数是制定科学治理措施的保证。

运行工况不同，对材料的性能要求不同，对运行在该工况条件下的失效部件所采取的工艺方法也不尽相同。对于未按运作参数运行的部件必须纠正其使用参数，否则处理后仍将过早失效。

（4）部件的组织性能。

全面了解各部件组织性能十分重要。首先要了解部件设计制造的组织和性能，同时检验使用状态的组织和性能。若二者组织性能不同，必须认真分析造成组织性能差异的原因。这些对制定处理工艺十分关键。

（5）缺陷的性质、大小、分布。

缺陷的性质、大小、分布不仅是选择处理方法的依据，还是制定处理工艺的基础。只有全面掌握部件缺陷的性质、大小和分布情况，才能制订出完善的工艺。例如火电站锅炉受热面管材泄漏，如果性质为腐蚀、磨损，一般均为较大面积、较多管排发生，必须全面治理，叶轮、叶片也是如此。一个缺陷的处理，必须严格检验判定周围是否存在缺陷，这方面问题应引起足够的重视。

（6）增材再造的经济性和可操作性。

不论治理哪个部件、采取什么方法、运用何种工艺，都要从经济性、可操作性的角度进行考虑。如果达不到经济性要求，所做的工作将被大打折扣。如果运用的工艺操作十分困难也不是理想的工艺。

2. 电力增材再造的应用及展望

电力增材再造的应用主要体现在以下七个方面，分别对应本书的后续七个章节：

（1）电力增材再造以电力失效零部件为治理对象，通过失效分析方法确定零部件的失效原因是增材再造的关键。因此，失效分析、断口分析、无损探伤等材料综合分析测试方法是电力增材再造的基础理论依据。失效分析需掌握失效分析的定义，按照失效分析基本程序确定失效原因，特别是针对电力失效部件的断口分析，包括运用宏观分析和微观分析方法，对全面掌握电力零部件的失效原因非常重要。无损探伤作为判断电力零部件状态的重要技术手段，在电力部件分析中意义显著。采用射线探伤、超声探伤、磁粉探伤、涡流探伤等无损检测技术中的一种或几种联合分析方法，对实施增材再造前后的零部件都进行有效分析，一方面可全面掌握失效原因，另一方面可评估增材再造结果，为产品提供有效技术证明。

（2）失效原因分析清楚，就可以选择合适的方法实现增材再造。在所有的加工方法中，焊接、堆焊、热喷涂、电刷镀、电火花表面强化、纳米表面工程等技术在电力行业应用最为广泛，也是电力行业实现增材再造的有效技术支撑手段。上述方法中，既有传统加工方法，如焊接和堆焊，又有现代加工方法，如热喷涂、电刷镀、电火花表面强化，同时还有新兴的高新技术手段纳米表面工程。选择哪种增材再造方法，需要根据具体失效部件来综合判定。充分掌握各种方法的特点，准确了解方法的适用条件和限制条件，将为顺利实现电力增材再造提供加工方法保障。

（3）从焊接的角度出发，综合考虑电力工程实际应用，手工电弧焊和手工钨极氩弧焊两种方法应用较为广泛，是电力增材再造中较常用的现场实施方法。在利用焊接方法实施增材再造时，各类钢材的化学成分、性能、用途、焊接工艺、热处理工艺均需熟练掌握，才能实现利用焊接方法针对上述电力钢材的增材再造。

（4）铸钢铸铁件在电力行业同样应用广泛。火电站汽轮机汽缸、汽室、喷嘴室、隔板叶片、阀门及管道附件等多为铸件制造。这些部件因制造、安装和运行的原因，常常会出现一些裂纹或孔洞，这些缺陷不经处理则导致部件无法正常使用。对这些裂纹或孔洞，最经济、快捷的增材再造方法就是进行焊接，掌握铸件焊接方法、焊接材料、焊接工艺是对电力铸件成功实施增材再造的技术关键。

（5）受热面管道是电力行业发电设备的重要组成部分，俗称锅炉“四管”。“四管”作为电力行业发电设备中运行工况复杂、材质多样、失效频繁的金属部件，受到技术人员广泛关注。在充分掌握受热面管道的位置及作用、运行工况以及常见失效形式的基础上，应用热喷涂方法及工艺对“四管”实施增材再造，进而解决“四管”所面临的腐蚀磨损问题，延长“四管”使用寿命。

（6）在电力行业发电设备转动部件中，汽轮发电机主轴、汽轮机动静叶片、各类传动轴、磨煤辊、风机叶轮叶片等部件较为典型。焊接技术、堆焊技术、热喷涂技术、电刷镀技术、电火花表面强化技术都是这些转动部件增材再造的备选方法，选用哪种方法还需根据具体情况确定。例如采用热喷涂、电刷镀、电火花表面强化技术修复轴，采用手工电弧堆焊和自动明弧堆焊技术联合修复磨煤辊，采用堆焊和热喷涂技术联合修复风机叶片等成功案例为技术人员增材再造电站转动部件提供技术参考。

（7）纳米表面工程伴随纳米技术而生。纳米技术诞生于20世纪80年代末，是一项新兴技术，研究范围在 $1\times10^{-9}\sim1\times10^{-7}$m 之间。纳米科学技术的研究为人类认识世界开辟了一个新的层次。纳米材料具有力、热、声、光、电、磁等特殊性能，低维、小尺寸、功能化的纳米结构表面层可以显著改善材料的结构或赋予其新的性能。纳米表面工程是纳米材料与表面工程的交叉、复合、合成与应用，纳米表面工程技术是电力增材再造的未来。本书介绍了采用高速火焰喷涂系统对经过造粒的纳米复合团聚颗粒进行喷涂，在结构材料表面上制备纳米复合涂层，对涂层进行精细结构分析的方法。详述纳米涂层的抗高温腐蚀性能、抗冲蚀性能进行对比研究并探讨纳米涂层抗高温腐蚀、抗冲蚀机理，并通过工程应用实例阐述纳米涂层的制备工艺特点，为技术人员应用纳米涂层实现电站金属部件增材再造提供参考。

第二章

电力设备材料综合分析

电力设备材料实施增材再造需要掌握其失效原因，然后针对失效原因有序开展增材再造修复。本章主要介绍失效的定义、开展失效分析的意义、造成电力设备材料失效的主要原因，开展失效分析的基本程序；材料断口分析的步骤、材料断口宏观分析、材料断口微观分析；无损探伤和材料分析结果综合研判。

第一节　失　效　分　析

任何设备材料都具有一定的功能。衡量设备材料的优劣，是看它能否很好地实现规定的功能。设备材料丧失其规定功能的现象称为失效。

根据设备材料丧失功能的程度，失效可归纳为三种情况：完全不能工作；虽然能工作，但性能恶劣，超过规定指标；有严重损伤，失去安全工作能力，需要修补或更换。有时失效又称故障、损坏、事故。

根据设备或部件丧失功能的原因，将失效分为如下四种：

（1）表面损伤失效。由于磨损、腐蚀、磨蚀、腐蚀冲刷、汽蚀等原因，造成零件尺寸变化超过了允许值而失效，或使零件表面损伤而失效。

（2）断裂失效。由于超载、超温、腐蚀、疲劳、氢脆、应力腐蚀、蠕变等原因，造成零件断裂失效，断裂失效造成的危害性最大。

（3）变形失效。由于弹性变形、塑性变形、蠕变变形等原因，造成零件失效。

（4）材质变化失效。由于冶金因素、化学作用、辐射效应、高温长时间作用等引起材质变化，使材料性能降低发生失效。

一、金属失效分析的意义

失效分析是分析设备或部件失效的原因并提出对策，以防止失效再次发生的技术活动和管理活动。在火力发电厂机组服役期内，金属部件由于失效所造成的损失是惊人的，因此准确地找出失效的原因，防止金属失效的再次发生是极其重要的。如果原因未查明，就不能采取有效的预防措施，同类问题还会发生，同时新型的设备或附件的研究、设计和生产就会被推迟。

如果对金属失效的原因未经科学地、周密地调查，就得出了错误的结论，其后果将更加严重。因此，金属失效分析是电力行业一项重要的工作，对电力生产和新技术的产生和发展起着重要的作用。

概括起来，金属失效分析的意义如下：

（1）通过失效分析，找到失效原因，提出相应措施，防止失效再次发生。

（2）为设计提供有价值的反馈信息，以选择更合适的设计参数，使设计更加完善。

（3）判断金属材料冶金、热处理、材料的组织与性能是否符合要求，为已有材料的合理使用、新材料的研制提供依据。

（4）寻找金属设备在制造工艺中存在的问题，为提高工艺质量、研究新工艺提供资料。

（5）为制定和修改有关技术规范提供科学依据。

（6）对正在服役的金属部件的使用寿命得出可靠的分析方法与合理的判据。

二、金属失效的主要原因

导致金属失效的原因是多方面的，大体上可分为设计、材料、加工、安装、使用和维护、环境因素几方面的原因。

1. 设计上的原因

（1）设计的疏忽及错误。最常见的是结构或形状不合理，在部件的承力部位存在应力集中区，如倒角过小、尖角、缺口等。

有时对部件在工作中可能承受的过载估计不足，部件形状、尺寸不合理，使部件的部分截面承载能力不够而发生断裂。

（2）不合适的设计。由于对部件的使用条件、应力状态、破坏形式等了解不充分，造成设计不合理，导致部件损坏。

（3）提高级别使用而引起的损坏。

（4）设计标准不足。由于部件复杂不能作可靠应力分析，某些部件在工业技术中积累的经验还不足。

2. 材料方面的原因

（1）机械性能试验的结果与使用部件的机械性能有出入，现实工作中往往出现这种情况。对组织性能不均匀的材料，或者机械性能试验的试样不能直接取自部件毛坯。

钢材本身的持久强度值的变化幅度为持久强度值本身的 20%，持久强度的试验结果和部件发生失效部位的持久强度值有时也会有差异。

（2）选择材料的标准不合适。如对化学分析、金相试验、硬度试验等选取的标准不合适。

（3）错用钢材。设计中选用不合适的钢材，或以不合适的钢材代用。在早期投产的发电企业中，有时会遇到设计中错用钢材造成失效，也遇到在施工建设中错用钢材造成失效。

（4）铸造缺陷。如缩松、空洞、缩孔、夹杂、裂纹。

（5）锻造缺陷。如折叠、重皮、裂纹、流线。

3. 加工方面的问题

（1）加工粗糙度大。加工粗糙度不符合设计要求，留下明显刀痕，在使用中引起应力集中并开裂。

（2）冷加工或焊接中有较大的残余应力，使用中在残余应力较高的部位引起开裂，或因应力腐蚀引起开裂。

（3）在冷加工、热处理、焊接中产生宏观或微观裂纹。

（4）热处理造成的缺陷，如过热、过烧、脱碳、裂纹、软点等。

（5）酸洗、电镀、焊接引起渗氢，造成氢损伤。

4. 装配方面造成的原因

（1）偏心。如汽轮机螺栓安装偏心，使得螺栓提早发生断裂。

（2）过盈配合不当。汽轮机主轴与叶轮的装配，常因键槽的过盈问题而导致叶轮在键槽部位开裂。

（3）装配工艺不当，造成装配不合理引起损坏。

（4）对中不良。如轴、齿轮、轴承、联轴节等，由于对中不良，经常引起损坏。

5. 操作和维护不良

（1）没有严格执行操作规程。如锅炉超温、超压，汽轮机启动前未疏水、暖机等。

（2）维护不当。如露天运行的主蒸汽管道保温层外未加铁皮保护，引起管道产生裂纹。

6. 环境因素的影响

（1）在腐蚀介质环境下引起应力腐蚀破裂、腐蚀疲劳、氢脆、局部腐蚀损坏等。

（2）高温引起的氧化、蠕变、蠕变脆性，低温引起的脆断。

（3）液态金属脆化，如镉脆、锌脆等。

（4）辐射引起的损伤和脆性。

在实际的失效分析中，部件的损坏很少是由单一原因作用的结果，而往往是上述多种因素共同作用所造成的。

失效分析要找到引起失效的主要原因，同时也应弄清影响失效的次要原因，才能采取有效措施，防止失效事件重演。

三、金属失效分析的基本程序

一台设备发生金属失效之后，哪一个缺陷是原始缺陷，哪一个零件首先断裂，是分析中首先要解决的问题。也就是要区分出哪个零件最先破坏，哪些零件是被已损零件破坏。只有准确地找到首先破坏件，才能对其作进一步分析，确定断裂失效的原因。断裂失效分析过程如图 2－1 所示。

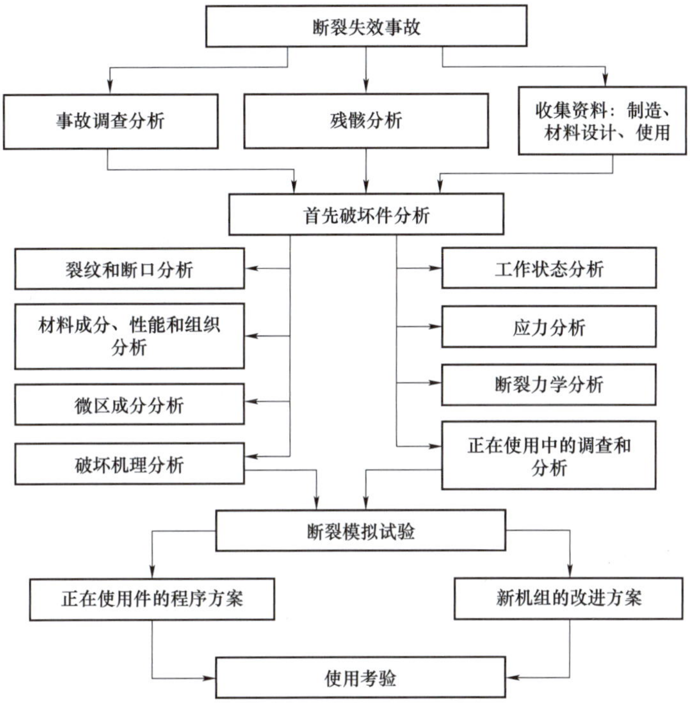

图 2－1　断裂失效分析过程

1. 现场调查

现场调查是断裂失效分析的第一个重要环节。

失效发生后，失效分析工作者应迅速赶赴现场，并严格保护现场。在有关人员未进行检查之前，不得挪动残骸和失效后的机器碎块，更不得分解和拆卸这些残骸和碎块。

现场调查时，可利用摄影、录像、绘图和文字记载的方式，记录失效现场被破坏的厂房和机器情况，并注意记录破坏源与首先破坏件的情况。这样，为评估失效严重程度提供资料，也为失效分析提供有价值的证据。

在失效现场要注意收集和选择包括主要断裂源在内的碎片，要把所有可能是首先破坏件的残骸或碎片收集起来，以备分析。一定要注意保护这些碎片断口的原始状况，防止污染，并不得对断口上的附着物进行清理。

调查时要对操作者（当事人）或目击者进行询问，以便能掌握重要的线索，要注意失效过程中的异常现象（振动、异响、泄漏、气味、烟、火等），以及失效过程中仪表上的异常变化，进一步了解失效前设备的工作温度、工作压力、水质、油质、启停等情况，还需了解检修时的有关情况。

2. 残骸分析

残骸分析的目的是确定首先破坏件。通常首先破坏件断口的塑性变形程度较轻微，断口上的腐蚀产物也和断裂过程一致。

如果在现场调查中不能确定首先破坏件，就应该把破碎的零件拼凑起来，对各碎块逐块进行断面观察，判断每个断面断裂时的开裂方向，确定破坏的性质和破坏的顺序，从而找到首先破坏件。

对于铸造缺陷引起的断裂、应力腐蚀断裂、蠕变断裂，在不能确定首先破坏件时，也可对碎块上的二次裂纹进行研究分析，确定断裂的原因。

3. 试验研究

通过调查分析找到了首先破坏件之后，为了确定断裂失效的原因，应对断裂失效件进行适当的试验或研究。

（1）零件结构、制作工艺及受力状况的分析。

零部件的断裂失效往往发生在零件的最薄弱环节，发生断裂的部位也往往是应力状态最复杂（在设计中未能准确掌握），局部应力最大的部位。零部件的断裂失效还可能是由于结构设计不合理，制作工艺不合理造成的。这些因素往往是零部件失效的影响因素，甚至有时是失效的主要原因。

所以，对于未曾有先例的重大失效且分析困难的事例，应收集有关失效部件或结构的制造、热处理和装配的技术资料，收集与零部件有关的技术规范和图纸、设计说明书、生产制造及检验的规范，研究有关零部件的应力分布状态、强度设计特点、最大许用应力、规定的工作温度、工作压力、转速，以及工作环境和介质特点等，进行零件结构、制作工艺及应力状态的分析。

（2）无损检验。

应力腐蚀、热疲劳、蠕变断裂等在主断口与主裂纹附近都有特殊形态的二次裂纹与微裂纹。而疲劳断裂、一次加载韧性断裂就不具备二次裂纹。通过采用磁粉探伤、涡流探伤、超声波探伤等无损探伤方法，对裂纹做仔细地分析，确定断裂的性质与原因。

（3）材质分析。

材质分析包括化学分析、机械性能测试、金相分析、结构分析等，各个项目不一定全都进行，也不必同时进行，可以根据对断裂失效的初步判断，先进行其中的一项或几项。

1）化学分析。在失效分析中，为了查明材料是否符合规定牌号，必须进行化学成分分析。

2）机械性能测试。机械性能测试主要是检查破断件材料的强度与塑性指标。最简单的可作硬度试验，一般进行常温拉伸、冲击试验，必要时进行高温性能试验、疲劳性能试验等。

3）金相分析。金相分析可以鉴别材料的金相组织是否合格，夹杂物、微观组织偏析是否符合规定，是否存在脱碳、增碳、晶间腐蚀等现象，并可观察裂纹的特征。

由热加工工艺（铸造、锻造、焊接、热处理）不当导致的工艺裂纹与材料缺陷引起的破坏，和由环境因素导致的断裂失效，往往可以通过金相试验来确定失效的原因。

进行金相分析时，可应用显微硬度来区别不同的组织，耐热钢的老化也能由基体的显微硬度变化反映出来。

4）结构分析。断口上经常有夹杂物、第二相粒子、腐蚀产物等析出或生成，它们对裂纹的扩展有一定的影响。腐蚀产物与应力腐蚀、腐蚀疲劳、蠕变断裂等过程有关。对这些物质进行结构分析，确定其结构及化学组成，对确定断裂失效很有帮助。

（4）断口分析。

断口上记录了有关断裂过程的信息，所以在断裂失效分析中，断口分析是非常重要的。断口分析包括断口宏观分析与断口微观分析两部分。断口宏观分析是初步判断断裂的性质与原因，主要完成断裂类型的确定、断口的三个区分析、导致断裂的应力类型、环境介质有无影响，确定断口微观分析的部位。断口微观分析是进一步澄清断裂的途径、确定断裂的性质和原因，综合其他试验结果得出失效分析的结论。按照断裂的微观分析结果确定断裂失效更加准确，而且能更可靠地找到断裂失效的原因及影响因素。

第二节　材料断口分析

一、材料断口的保护和选取

材料断裂后的原始表面称为断口。断裂失效部件一般都要形成断口，即使是局部破断也可用人工方法打开裂纹得到断口。

失效分析工作必须保护好事故现场和损坏的实物，因为留下的残骸件是分析失效原因的重要依据，一旦遭到破坏，会给失效分析工作带来很多困难，甚至导致产生错误的研究结果。所以保护好失效部件是非常关键的，尤其是对失效部件断口的保护更为重要。

1. 失效部件断口的保护措施

常见的失效部件断口损伤大体有两类，即机械损伤和化学损伤。机械损伤是由于其他物体对失效部件断口的碰撞或摩擦，可能发生在断裂事故出现期间，也可能在失效部件移动、搬运中意外发生；化学损伤主要来自空气、水、化学药品等腐蚀介质对失效部件断口的腐蚀。针对以上两类损伤，可以采取相应的保护措施。

对于机械损伤的防止，应当在电力材料部件失效发生后，马上把断口保护起来。在搬运时用布或毛巾将断口包裹好，在有些特殊情况下还需用垫衬材料。当断口上沾有一些油污或脏物时，千万不能用硬刷子刷断口，并避免用手指接触或摩擦断口。

防止化学损伤可以采用表面涂敷介质的方法，即在失效部件断口表面涂一层防腐物质，原则是所涂物质不会使断口受腐蚀且易于被完全清洗。在失效事故现场，对于大的构件，可在断口上涂一层优质的新油脂；对于较小的构件断口，除了涂油脂保护外，还可将断口浸入汽油或无水酒精中，也可把断口放入装有干燥剂的袋子里。

2. 失效部件断口的选取

为了能准确地对断口进行分析，必须选择好断口试样。一般情况下须将断口整体送试验室检验。然而有时失效部件体积大、重量重，无法将整体送试验室时，就须从其上截取恰当的断口试样。取样时不能损伤断口，并且要保持断口干燥。一般采用的切割法有机械切割、火焰切割、电火花切割等。切割时注意保持离断口一定距离，以防止切割时的热影响而可能引起断口的微观结构及形貌发生变化。

如果断裂失效部件只是发生裂纹而没有完全破断，进行断口分析就必须将裂纹打开，然后再进行断口分析。当主裂纹断口受到严重的机械损伤或化学腐蚀时，必须检查及研究二次裂纹所形成的断口。打开裂纹时可使用拉开、压开、敲开等方法。打开时必须十分小心，避免机械对断口的损坏。

3. 失效部件断口的清洗

对于断口宏观观察，一般常可不经清洗就进行分析，但在作微观分析时必须对断口进行清洗。清洗的目的是除去保护用的涂敷介质和断口上的腐蚀产物及外来污染物如灰尘等。

失效过程中的全部碎片，在进行任何清洗之前，都应经过充分的外观检查。检查表面可能受到的积垢的污染，例如油脂、腐蚀产物、氧化物等。对于这些积垢应进行仔细检查，弄清断口表面的物质是断裂后的外来物质还是断裂过程中的生成物或析出物，可从中获得有关断裂失效的重要信息。这些信息常常为判断失效原因，或确定失效分析程序等提供有力依据。

具体到失效部件断口的清洗方法大体有以下几种。

（1）用压缩空气吹断口。可以清除黏附在其上的灰尘、粉尘等外来物质。

（2）对断口上的油污或塑料涂敷层，可以用汽油、石油醚、苯、丙酮等有机溶剂进行消除，消除干净后用无水酒精清洗后吹干。

（3）超声波清洗。这种方法能有效地清除断口表面的沉淀物，且不损坏断口。超声波振荡和有机溶剂或弱酸、弱碱溶液结合使用，能加速消除顽固的沉淀物。

（4）使用化学或电化学方法。这种方法主要用于清洗断口表面的腐蚀产物或氧化层，但可能对断口产生一定程度破坏，所以使用必须十分小心。一般只有其他方法不能处理的情况下，才能采用。

金相检验通常分为宏观检验和微观检验。宏观检验的目的在于检验部件及其焊接接头的宏观缺陷。微观检验的目的在于分析金属材料的显微组织形态、分布和晶粒大小等，判断和确定金属材料的质量；在设备现场，可用便携式金相检查仪进行检验或采用复型技术检验，在试验室，可采用光学显微镜进行检验。若有条件，还可用扫描电子显微镜进行检验。

二、材料断口的宏观分析

在日常质量检验、失效分析和研究工作中，宏观检验应用非常普遍，它们一般作为微观检验分析的先导。宏观检验是指在肉眼或低倍显微镜下所进行的检验分析，也称为低倍检验。

在质量检验时，宏观检验用来检查产品是否符合标准，往往单独作为产品验收的依据。在失效分析中，工程师可以用宏观检验来初步评定，确定有问题的部位以便进一步分析，有时还可以用来确定零部件的生产工艺缺陷。火力发电厂金属监督工作中常用的宏观检验方法有低倍组织检验、发纹检验、硫印检验和断口晶粒度检验。

1. 低倍组织检验

低倍组织检验用于检查材料质量、评定缺陷、检验工艺过程和进行失效分析。检验前，一般用砂纸打磨，然后腐蚀。常用的腐蚀方法有热酸腐蚀法、冷酸腐蚀法及电解腐蚀法。

2. 发纹检验

钢中的发纹是指磨面上肉眼可见的由针孔、气孔、夹杂等引起的缺陷（细小裂纹）。采用塔形车削试样，使用酸蚀法或磁粉探伤法检验。

3. 硫印检验

硫在钢中以硫化物形式存在，将经2%～10%的硫酸水溶液浸润的光面印相纸，紧贴于细磨过的钢材受检面上，2～5min后揭下，经定影、水洗并干燥，即可获得硫印。根据相纸上棕色斑点的大小、数量、形状及分布状态、色泽深浅，可评定硫的分布和深度。

4. 断口晶粒度检验

将断口的晶粒大小与断口标准图片相比较，可利用断口形态迅速简便地判定断口晶粒度。评定出的晶粒度可与显微镜测定的奥氏体晶粒度互相印证。

进行宏观检验时，应根据相关的标准进行。现行宏观检验标准及应用范围见表2－1。

表2－1　现行宏观检验标准及应用范围

现行标准名称	应用范围	标准中规定使用仪器
GB/T 226—2015《钢的低倍组织及缺陷酸蚀检验法》	该标准规定的热酸腐蚀法、冷酸腐蚀法和电解腐蚀法均适用于检验钢的低倍组织及缺陷。仲裁时，若技术条件无特殊规定，以热酸腐蚀法为准	变压器、电压表、电流表、电极钢板、酸槽等
GB/T 1814—1979《钢材断口检验法》	该标准规定断口的检验方法适用于结构钢、滚珠钢、工具钢及弹簧钢的热轧、锻造、冷拉条钢和钢坯。其他类钢要求做断口检验时，可参照该标准	放大镜

续表

现行标准名称	应用范围	标准中规定使用仪器
GB/T 1979—2001《结构钢低倍组织缺陷评级图》	该评级图适用于评定碳素结构钢、合金结构钢、弹簧钢钢材（坯）横截面酸浸低倍组织的缺陷。根据双方协议，也可用作评定其他类钢低倍组织的缺陷	放大镜
YS/T 336—2010《铜、镍及其合金管材和棒材断口检验方法》	本标准用于各工业部门制造零件用的铜、镍及其合金管、棒断口检验	

三、材料断口的微观分析

材料断口的微观分析是利用光学显微镜、透射电子显微镜和扫描电子显微镜来研究断口的微观形貌特征、形成机制及影响因素等，它和宏观断口学研究结果互相补充及佐证，使人们能对断裂的全部过程有更深入和正确的了解。

组织决定性能是自然界永恒的规律。材料的性能（包括力学性能与物理性能）是由其内部的微观组织结构所决定的。不同种类材料固然具有不同的性能，但是同一种材料经不同工艺处理后得到不同的组织结构时，也具有不同的性能。

1. 微观检验试样制备

（1）检验样品的选取。

样品的选取可设计成代表平均的或“典型”情况的样品，或有意选取揭示最坏情况的样品，每种选取样品的方法均有其优缺点。所取的样品数量取决于零件的大小、复杂程度以及工况性质，原则是取样必须能够准确反映零件整体的质量特征，而检验费用又不太高。

从试样上寻找检验部位，决定于检验目的与要求。一般来说，检验的是要害部位，而系统抽样又是大多数检验中比较惯用的方法，抽样方法常常是按材料技术标准的要求而定。对于系统抽样中的标准检验部位，有些习惯上的规定，例如：棒（管）材、钢锭或钢坯的两端。检验面的取向根据生产工艺、产品形状以及所研究的组织特征而定。

一般在研究结果或检验报告上所列金相照片，必须说明试样截取的部位和金相磨面的方向，有些情况下还应该绘图示意标出。

（2）检验样品的磨制。

试样的制备首先要进行切割，不管用什么方法截取，必须防止切割时金属材料发生塑性形变，改变金相组织，防止金属材料因受热引起金相组织的变化。切割试样的方法有破断、剪切、锯切、砂轮切割、线切割、电火花切割、微铣削以及精密切割等，常用的工具有手锯、锯床、砂轮切割机、低速金刚石锯等。

大块试样不需要镶嵌，如果试样过小或形状不规则，尺寸过于细薄（如薄板、细线材、细管材等），打磨、抛光不易持拿的试样，需要镶嵌成较大尺寸，以便于操作。

试样表面通过逐级磨削的顺序打磨制成，打磨是试样制备程序中最重要的阶段，一般是先用砂轮磨平然后用砂纸打磨。金相用的砂纸有两类，一类是干砂纸，是在干燥条件下磨光，这类砂纸是刚玉砂纸，多半是混合刚玉磨料制成的砂纸；另一类是水砂纸，是在水冲刷的条件下使用最佳，这类砂纸是用碳化硅磨料、塑料或非水溶性黏结剂制成的。通常开始时用 280、W40、W28 和 W20 号砂纸，然后进一步用再细一点的砂纸磨，磨粒的使用顺序通常为 220、240、320、400、500 和 600 号砂纸，常用砂纸的规格见表 2－2 和表 2－3。磨光操作一般有两种，手工磨光和机械磨光。

表 2－2　　水砂纸的编号、粒度号和粒度尺寸

编号		粒度尺寸（μm）	备注
按粒度标号	特定标号		
280	—	50～40	一般钢铁材料用 280、W40、W28、W20 粒度磨光即可
W40	0	40～28	
W28	01	28～20	
W20	02	20～14	
W14	03	14～10	
W10	04	10～7	
W7	05	7～5	
W5	06	5～3.5	
W3.5	—	3.5～2.5	

表 2－3　　水砂纸的编号、粒度号和粒度尺寸

编号	粒度号	粒度尺寸（μm）	备注
320	220	—	一般钢铁材料用 240、320、400 和 600 粒度号的砂纸磨光即可
360	240	60～50	
380	280	50～40	
400	320	40～28	
500	360	—	
600	400	28～20	
700	500	—	
800	600	20～14	
900	700	—	
1000	800	—	

试样经磨光后，需要进行抛光，以产生高反射力的、平整的、适当无划痕的表面。抛光的目的，一方面是为了抛掉磨面上的痕迹，另一方面是为了消除磨面上的形变扰动

层。抛光的基本方法有机械抛光、化学抛光和电解抛光。目前，有把化学与机械抛光结合在一起的，形成化学机械抛光；也有把电解与机械抛光结合在一起的，形成电解机械抛光。

金相样品的制备要取得好效果，清洁是相当重要的。常用的清洁方法有漂洗和超声波清洗。清洗后试样应当快速干燥，首先在酒精、苯或其他低沸点的液体中漂洗，然后放于热空气吹干机下，使裂缝、孔洞中保留的液体蒸发，表面不留任何残迹。

（3）金相试样显微组织的腐蚀显示。抛光好的金相试样，为了能够清晰地显示显微组织，必须对组织进行反差处理。长期以来，习惯地把这一操作称为腐蚀。未经腐蚀的金相试样，其组织组成的反光能力差别大于10%者才能明显地区分开来，例如钢中的非金属夹杂物、铸铁中的石墨等，不经腐蚀就能在光学显微镜下检验评级。

要使人眼能识别抛光金相试样组织中的各种相或组成，必须采用各种方法来显示组织。显示组织的方法有很多，根据对抛光表面改变的情况归纳为光学法、化学（或电化学）法、物理法和特殊显示法。光学法包括暗场、偏光、干涉和相衬。化学法包括化学或电化学腐蚀、电解腐蚀、恒电位腐蚀、化学染色及热染色等。物理法包括阴极真空腐蚀、真空沉积镀膜和溅射沉积镀膜等。特殊显示法包括阴极真空腐蚀、恒电位腐蚀、薄膜干涉。

常用的化学腐蚀是试样表面化学溶解或电化学的溶解过程。一般把纯金属和单相合金的腐蚀主要看成化学溶解过程，由于晶界原子排列特别紊乱，其自由能较高，所以晶界处较易受腐蚀而呈沟凹；由于金相试样一般都是多晶体，磨面上各晶粒的取向会不一致，所以每个晶粒溶解的速度并不一样，即浸蚀后显露出来的晶面相对于原来的抛光面倾斜了一定角度。

两相或多相合金的腐蚀主要是电化学溶解过程；多相合金的腐蚀，同样也是电化学溶解的过程，但多相合金电化学溶解过程比两相合金的电化学溶解过程复杂得多，且很难用一种试剂清晰地显示出各种相。各种金属和合金的浸蚀剂可查阅有关手册。

2. 光学显微分析技术

（1）金相显微镜。

光学显微镜由照明电源和各种各样的镜头组合而成，用来分辨和揭示被测试样的显微组织的细节。用于金相分析的仪器主要为人射光照明金相显微镜，放大倍数在 50～2000 倍之间。

金相显微镜有两种基本类型，正立式显微镜和倒置式显微镜。这里所说的正立和倒置是相对于被观察的试样抛光面的取向而言。无论是正立式显微镜还是倒置式显微镜，每种类型根据不同的功能和价格，有各种各样的型号。

在金相显微镜中，由物镜系统产生的图像通过目镜进一步放大，因此，总的放大倍数是物镜的放大倍数 M_o 和目镜的放大倍数 M_e 的乘积，即 $M=M_o \cdot M_e$。如果在物镜和目镜之间放入一个转像系统或变焦系统，则这些因素也应包括在这个等式之中。

为了获得细微部分的最佳分辨率，要检查的试样表面必须有足够的反差，通常可以采用暗场照明、偏振光、相衬照明、干涉技术和滤色镜等方法，来产生为观察组织细节所需的分辨率和衬度的图像。

（2）金属材料的组织分析。

组织分析涉及的组织有宏观和微观两种。宏观组织是指 30 倍以下的放大镜或人的眼睛直接能观察到的金属材料内部所具有的各组成物的直观形貌，如观察金属材料的断口组织、渗碳层的厚度等，一般分辨率是 0.15ram。微观组织是指光学显微镜下能够观察到的金属材料内部所具有的各组成物的直观形貌，一般极限分辨率为 0.2ram，它所包含的内容是各种相，各组成物的形状、大小、分布及相对量等。

经腐蚀后的试样在显微镜下可观察到各种形态的组织，但就相的多少来说，归纳起来有三类：单相组织、两相组织、多相组织。组织分析研究的过程：首先要知道合金的成分，根据合金的成分查找相应的合金系相图，按照合金成分找到平衡状态时具有的合金相，并根据杠杆定则，大致估算其相对量；其次要了解该合金的历史，即该合金制备的工艺过程（原料纯度、锻轧工艺、热处理工艺）；第三，要了解试样截取的部位、取样的方法、磨面的方向、试样的制备及显微组织显示方法等；第四，在显微镜下，先用低倍镜观察组织的全貌，其次用高倍镜对某相或某些细节进行仔细观察；最后，根据需要再选用特殊的方法，如暗场、偏光、干涉、显微硬度等，或用特殊的组织显示方法，进一步确定所观察的合金相，先做相鉴定，然后做定量测试。对于光学金相还不能确定的合金相，则用衍射方法和电子探针来确定。

进行微观检验时，应根据相关的标准进行。现行微观检验标准及应用范围见表 2－4。

表 2－4　现行微观检验标准及应用范围

现行标准名称	应用范围	标准中规定使用仪器
GB/T 13298—2015《金属显微组织检验方法》	该标准是金属显微组织检验的基础标准。规定用金相显微镜检查金属组织的操作方法，还规定了显微组织检验中的试样制备、试样的研磨、试样的腐蚀、显微组织检验、显微照相等	砂轮机、砂纸盘、蜡盘、抛光机、镶嵌机
GB/T 224—2019《钢的脱碳层深度测定法》	标准规定的方法适用于测定钢材（坯）及其零件的脱碳层深度	金相显微镜、硬度计
GB/T 10561—2023《钢中非金属夹杂物含量的测定　标准评级图显微检验法 》	适用于经过延伸变形的（如轧、锻、冷拔等）钢材中非金属夹杂物的显微评定	
GB/T 6394—2017《金属平均晶粒度测定方法》	标准规定的方法适用于在显微镜下测定钢的奥氏体（本质）晶粒度和实际晶粒度	
GB/T 13299—2022《钢的游离渗碳体、珠光体和魏氏组织的评定方法》	标准规定的方法，适用于测定低碳钢的游离渗碳体及亚共析钢的带状组织及魏氏组织	金相显微镜

续表

现行标准名称	应用范围	标准中规定使用仪器
DL/T 884—2019《火电厂金相检验与评定技术导则》	规定了使用金相学方法进行部件检验的基本要求、主要操作步骤，规定了金相分析基本过程及评定标准。适用于火力发电厂高温部件的现场及试验室金相检验分析与评定	

传统的显微组织结构与成分分析测试方法包括光学显微镜分析和化学分析方法。光学显微镜是最常用的也是最简单的观察材料显微组织的工具。它能直观地反映材料的组织形态。但由于其分辨本领低（约 200nm）和放大倍率低（约 1000 倍），因此只能观察到 100 nm 尺寸级别的组织结构，而对于更小的组织形态与单元（如位错，原子排列等）则无能为力。同时光学显微镜只能观察表面形态而不能观察材料内部的组织结构，更不能对所观察的显微组织进行同位微区成分分析。采用化学分析方法测定试样的成分只能给出一块试样的平均成分（所含每种元素的平均含量），并可以达到很高的精度，但不能给出所含元素分布情况。

目前，应用比较广泛的金属微观分析方法有以下几种。

1. XRD 衍射分析

XRD 衍射分析是利用 X 射线在晶体中的衍射现象来分析材料的晶体结构、晶格参数、晶体缺陷、不同结构相的含量及内应力的方法。这种方法是建立在一定晶体结构模型基础上的间接方法。即根据与晶体样品产生衍射后的 X 射线信号的特征去分析计算出样品的晶体结构与晶格参数，并可以达到很高的精度。然而由于它不是像显微镜那样直观可见的观察，因此也无法把形貌观察与晶体结构分析微观同位地结合起来。由于 X 射线聚焦的困难、所能分析样品的最小区域（光斑）在毫米数量级，因此对微米及纳米级的微观区域进行单独选择性分析也是不能实现的。

2. 透射电子显微镜

透射电子显微镜（Transmission Electron Microscope，TEM）是以波长极短的电子束作为照明源，用电磁透镜聚焦成像的一种高分辨本领、高放大倍数的电子光学仪器。它由电子光学系统、电源与控制系统及真空系统三部分组成。电子光学系统通常称镜筒，是透射电子显微镜的核心，它的光路原理与透射光学显微镜十分相似，分为三部分，即照明系统、成像系统和观察记录系统。

透射电子显微镜是通过薄膜样品的电子束成像来显示样品内部组织形态与结构。因此它可以在观察样品微观组织形态的同时，对所观察的区域进行晶体结构鉴定（同位分析）。其分辨率可达 1nm，放大倍数达 1×10^6 倍。

3. 扫描电子显微镜

扫描电子显微镜（Scanning Electron Microscope，SEM）是利用电子束在样品表面扫描激发出来代表样品表面特征的信号成像的。通常用来观察样品表面形貌，分辨率可达到 1nm，放大倍数可达 2×10^5 倍。还可以观察样品表面的成分分布情况。

扫描电子显微镜的成像原理和透射电子显微镜完全不同。它不用电磁透镜放大成像，而是以类似电视摄影显像的方式，利用细聚焦电子束在样品表面扫描时激发出来的各种物理信号来调制成像的。新式扫描电子显微镜的二次电子像的分辨率已达到 1nm 以下，放大倍数可从数倍原位放大到 20 万倍左右。由于扫描电子显微镜的景深远比光学显微镜大，可以用它进行显微断口分析。用扫描电子显微镜观察断口时，样品不必复制，可直接进行观察，这给分析带来极大的方便。因此，目前显微断口的分析工作大都是用扫描电子显微镜来完成的。

4. 电子探针显微分析

电子探针的功能主要是进行微区成分分析。它是在电子光学和 X 射线光谱学原理的基础上发展起来的一种高效率分析仪器。它的原理是用细聚焦电子束入射样品表面，激发出样品元素的 X 射线，分析特征 X 射线的波长即可知样品所含元素的种类（定性分析），分析 X 射线的强度，则可知样品中对应元素含量的多少（定量分析）。除专门的电子探针仪外，有相当一部分普通电子探针仪是作为附件安装在扫描电镜或透射电镜镜筒上，以满足微区组织形貌、晶体结构及化学成分三位一体同位分析的需要。

各类显微镜的分辨率和主要用途见表 2－5。

表 2－5　各类显微镜的分辨率和主要用途

显微镜	最佳分辨率	对试样要求	主要用途
OM	0.2μm	金相表面	① 金相组织微细浮雕观测；② 显微硬度测量
OTEM HVEM STEM	0.1～0.2nm	复膜或薄膜	① 形貌分析（金相组织、晶体缺陷、结构像、原子像）；② 晶体结构分析；③ 元素成分和电子结构分析
SEM	0.8nm	无	① 形貌分析（金相组织、几何立体分析、三维物理结构分析）；② 晶体结构分析；③ 元素成分和电子结构分析
SEAM	几微米	无	① 集成电路的性能与缺陷分析；② 研究材料的性能和马氏体相变
SIMSM	0.3μm	无	① 形貌分析；② 成分分析
SAM	0.3μm	无	分析材料的力学性质、内部结构无损检验、不透光物质亚表层结构
FIM	0.3 nm	针电极形状	直接观察原子的排列组态，并确定单个原子的化学种类
STM	0.01 nm	平坦表面	① 原子的空间轮廓图和原子的运动行为；② 表面逸出功分布的测定

扫描电子显微镜、透射电子显微镜和光学显微镜的主要性能比较见表 2－6。

材料科学是一门在严格的试验中发展起来的科学，试验方法正确与否直接关系到研究结论的正确性和准确性。在材料科学研究、金属研究及检验中，可以根据表 2－7 和表 2－8 选择正确的分析方法。

表 2-6　扫描电子显微镜、透射电子显微镜和光学显微镜的主要性能比较

项目		光学显微镜	扫描电子显微镜	透射电子显微镜
分辨率	最高	100nm（紫外光显微镜）	0.5nm（场发射电子枪）	0.1～0.2nm（特殊试样）
	熟练操作	0.0002mm	10nm	0.5～0.7nm
	容易达到	0.005mm	100nm	5～7nm
放大倍数		1～2000 倍	10～200000 倍左右	100～800000 倍左右
景深		0.1 mm（约 10 倍时） 0.01mm（约 100 倍时）	10mm（约 10 倍时） 1mm（约 100 倍时） 0.01mm（约 1000 倍时）	接近扫描电子显微镜，但实际上受样品厚度的限制，一般小于 100nm
视频场		100mm（1 倍时） 10mm（10 倍时） 1mm（100 倍时） 0.1mm（1000 倍时）	10mm（10 倍时） 1mm（100 倍时） 0.1mm（1000 倍时） 0.01mm（10000 倍时）	10mm（10 倍时） 2mm（100 倍时） 0.1mm（1000 倍时） 0.01mm（10000 倍时）

表 2-7　在材料科学中常用的显微分析技术

名称	缩写称号	特长
电子探针显微分析	EPMA	对表面深层（1～10μm）的元素分析
俄歇电子能谱分析	AES	几个原子表层（约 1nm）的元素分析
电子能量损失谱分析	EELS	对 10nm 微区内成分变化分析
二次离子质谱分析	ISS	最外表面单原子层的痕量元素分析
卢瑟福散射谱分析	RBS	轻基体中重杂质元素分析，独立定量
核反应谱分析	NRS	重基体中轻杂质元素分析
粒子激发 X 射线谱分析	PLXE	表面密度、表面相厚度及其成分分析
光电子能谱化学分析	ESCA	表面化学状态分析
激发喇曼谱分析	LRS	表面分子状态分析

表 2-8　电镜分析方法在金属研究及检验中的应用

序号	课题	适用的电镜分析方法	特点
1	高倍金相组织	透射电镜表面复型，萃取复型，扫描电镜二次电子像	可以显示光学金相显微镜无法显示的组织细节，如屈氏体、贝氏体的形态，尺寸大于 30nm 沉淀物
2	相变过程及产物	透射电镜薄膜衍射技术，电子衍射，X 射线能谱分析	显示相变初期的元素富集或偏聚，调幅分解，相界面沉淀，尺寸在 1nm 以上的初期沉淀物、晶界相等
3	物相分析及位向关系测定	电子衍射，扫描透射电镜微衍射以及 X 射线能谱分析	显示金属材料内部组成、结构和特点，晶体中原子排列的规律性变化，尺寸在 1nm 以上的固溶体、金属化合物、晶界相等
4	晶体缺陷研究	透射及扫描透射电镜薄膜衍衬技术，微衍射	显示金属及合金中界面处的结构状态，位错附近的原子排列，以及辐照损伤缺陷群等，分辨率可达 0.15～0.2nm
5	塑性变形机制	薄膜衍衬像，表面复型扫描，电镜动态拉伸	显示塑性变形过程中位错的运动及塞积，滑移线的形态及分布，晶界、沉淀相及弥散物对滑移过程的影响，多相合金中不同相的变形行为等

续表

序号	课题	适用的电镜分析方法	特点
6	断裂过程及断口	扫描电镜动态拉伸俄歇电子	利用扫描电镜拉伸可以跟踪材料的塑性变形及断裂的全过程，观察裂纹的萌生、扩展、连接及其与显微组织间的关系。利用俄歇谱仪可以研究脆断材料晶界附近的成分偏析，分析致脆原因
7	合金中相的形态及分布观察	透射电镜薄膜衍衬技术、扫描电镜背反射电子像及吸收电子像	当组织十分细小、弥散时，可用薄膜衍衬技术。一般情况下，当相的尺寸在微米数量级，利用扫描电镜背反射电子和吸收电子的原子序数衬度效应，可以清楚地将不同成分的相区分开
8	第二相及夹杂物成分分析，偏析测定	电子探针波谱仪或能谱仪、分析电镜中的成分分析附件（EDS 或 EELS）	尺寸在 1nm 或以上的颗粒成分及偏析测定，可用电子探针或扫描电镜成分分析附件，更细微粒子或区域的成分分析，应使用扫描透射电镜中的能谱或能量损失谱（分析区域可小至 2nm）
9	化学热处理扩散层及形成相的研究	电子探针、扫描电镜、俄歇能谱及离子探针分析	利用电子探针线分析方式可获得沿扩散层的元素浓度分布曲线，利用定点分析可确定每点的元素及浓度。扫描电镜的成分衬度（背射电子像）可以显示扩散层及形成相的形貌及尺度，当扩散层很薄时，可以用俄歇能谱式离子探针进行分析
10	表面及界面成分分析	俄歇电子能谱、离子探针	适用于表面 3～5 个原子层深度范围内的微区成分分析，因此可用于金属表面氧化、腐蚀、晶体外延生长、半导体器件电极蒸镀及离子注入等情况下的成分分析，以及晶界面成分分析，并可利用离子刻蚀效应作纵向浓度分布测定
11	热处理氧化及脱碳检验	电子探针波谱仪、扫描电镜	可以较简便并准确地确定氧化及脱碳层深度、脱碳层组织及脱碳浓度梯度
12	热处理开裂（包括内部微裂纹）及过热、过烧缺陷的检验	扫描电镜二次电子像	通过扫描电镜观察裂纹形状及走向，可以确定开裂原因；过热引起的晶粒长大及过烧造成的蜂窝状组织在扫描电镜下极易鉴别

第三节　无损探伤分析

无损探伤是在不损害被检对象的前提下，探测其内部或外表的缺陷（伤痕）的现代检验技术。在工业生产中，许多重要设备的原材料、零部件、焊缝等必须进行必要的无损探伤，当确定其内部和表面不存在缺陷时，才可以使用或运行。

一、射线探伤

在工业探伤上，X 射线的产生是利用 X 射线管中高速度电子去撞击阳极靶，电子运动突然被阳极靶制止，其动能大部分转变为热能，一小部分转变为 X 射线能。

X 射线管是用来产生 X 射线的一种真空二极管，其阴极（灯丝）用来产生热电子。在阳极与阴极间加高电压，电子由于阳极高电位的吸引，即以高速度向阳极靶撞击，从而产生 X 射线。

X 射线管中电子的高速运动是利用阳、阴极间的高电压形成的。X 射线管两极的高电压是由高压发生器（主要由高压变压器等组成）供给的。高压发生器一般要浸在绝缘油里工作。

目前国内外把X射线机大致分成两大类，即移动式X射线机和携带式X射线机。移动式X射线机管电压可达420kV；携带式X射线机管电压可达300kV。移动式X射线机和携带式X射线机在结构和应用上都有些不同。

二、超声波探伤

超声波检测技术用于工业生产是在第二次世界大战中开始的。1942年斯普洛制成了一收一发的脉冲反射式超声波探伤仪，几乎与此同时，忽斯通制成了单探头同时担负发射与接收的脉冲反射式超声波探伤仪。此后超声作为无损检测的一种手段得到了迅速的发展。

超声波探伤仪是进行超声波探伤的主要设备。目前，在工业探伤中，应用最广泛的是A型脉冲反射式超声波探伤仪。这种探伤仪属于被动声源探伤仪，即仪器本身发射超声波，它所发射的超声波是不连续的脉冲波，在工件中遇到缺陷后，在荧光屏上是A型显示，即以幅度估计缺陷大小，这种仪器是由一个（或一对）探头单独工作，属于单通道探伤仪。

三、磁粉探伤

磁粉探伤是无损检验中应用较早的一种方法，1919年国外就已制成探伤用的试验设备。

磁粉探伤方法可用于探测铁磁性材料（包括铁、镍、钴和其他许多合金，以及碳素钢与某些合金钢）表面上或近表面的裂纹以及其他缺陷。磁粉探伤对表面缺陷灵敏度最大，表面以下的缺陷随着埋藏深度的增加而迅速降低。采用磁粉探伤方法检验铁磁性材料的表面缺陷比采用超声波探伤或射线探伤灵敏度高，而且操作简便，结果可靠。因而磁粉探伤主要用于检测表面和近表面缺陷，磁粉探伤属于表面探伤。又由于磁场探伤是以对被检工件进行磁化为物理基础，所以它只适用于导磁性材料。对于有色金属、奥氏体钢、非金属或非导磁性材料，不能采用磁粉探伤的方法检验缺陷。

由基本原理可以知道，磁化场的方向与缺陷垂直时漏磁场最大，灵敏度最高。检查工件纵向裂纹时，应采用周向磁场进行磁化；在检查工件横向裂纹时，应采用纵向磁场进行磁化。

按照磁粉探伤时磁粉呈干粉状态喷洒还是配制成磁悬液喷洒在工件表面上，可分为干法检验和湿法检验。

四、渗透探伤

液体渗透探伤是检查工件或材料表面缺陷的一种方法，它不受材料磁性的限制，比磁粉探伤的应用范围更加广泛。

液体渗透探伤应用于各种金属、非金属、磁性、非磁性材料及零件的表面缺陷的检查。可以说，除了表面多孔性材料以外，几乎一切材料的表面缺陷都可以应用此方法，获得满意的检测结果。此法的优点是应用广泛、原理简明易懂、检查经济、设备简单、显示缺陷直观，并同时可以显现各个不同方向的各类缺陷。

液体渗透探伤法的基本原理，就是依据物理学中液体对固体的润湿能力和毛细现象为基础的（包括渗透和上升现象）。

首先将被检查工件浸涂具有高度渗透能力的渗透液，由于液体的润湿作用和毛细现象，渗透液便渗入工件表面缺陷中，然后将工件缺陷以外的多余渗透液清洗干净，再涂一层亲和吸附力很强的白色显像剂，将渗入裂缝的渗透液吸出来后，在白色涂层上便显示出缺陷的形状和位置的鲜明图案。

五、涡流探伤

涡流探伤的基础是电磁感应，它的基本原理是：当通以交变电流的检测线圈靠近导电试件时，由于线圈交变磁场的作用，试件中会感生出涡流，涡流又产生使检测线圈阻抗发生变化的反作用磁场；由于试件表面缺陷或近表面缺陷的存在，会使涡流的大小、分布和流动形式等发生畸变，相应地涡流产生的反作用磁场也发生变化，通过由于反作用磁场的变化而引起的检测线圈阻抗的变化，便可探测出试件中的缺陷。

涡流探伤在电力工业中的应用：

（1）发电机组转子中心孔表面的涡流探伤。ZW－1 型大轴内孔涡流探伤仪是专门为发电机组转子中心孔表面缺陷而研制的，除能检测出裂纹、折叠等缺陷外，还能在一定范围内测量裂纹深度。

（2）凝汽器铜管的涡流探伤。WT－2 型铜管涡流探伤仪是专门为检测凝汽器铜管研制的，它配有差动系统的穿过式线圈（外通过式线圈）和内插式线圈（内通过式线圈），可分别用于检测备用铜管和已安装使用的铜管。

缺陷按其部位分为两大类，内部缺陷和表面及近表面缺陷。适合于探测内部缺陷的探伤方法主要有射线探伤和超声波探伤两种，适合于探测表面及近表面缺陷的探伤方法主要有磁粉探伤、渗透探伤和涡流探伤三种。

射线探伤和超声波探伤的对比见表 2－9。磁粉探伤、渗透探伤和涡流探伤的对比见表 2－10。

表 2－9 射线探伤和超声波探伤的对比

对比内容	射线探伤	超声波探伤
方法原理	穿透法	脉冲反射法
物理能量	电磁波	机械波

续表

对比内容	射线探伤	超声波探伤
缺陷部位的表现形式	完好部位与缺陷部位的穿透射线强度有差异。其差异程度与这两部分的材质、射线透过方向以及缺陷的尺寸有关	在完好部位没有反射波，而在缺陷部位产生反射波。其反射程度与完好部位和缺陷部位的材质、缺陷方向有关
显示器材	X 射线胶片	示波管
显示内容	完好部位与缺陷部位的底片黑度有差异	荧光屏上呈现缺陷部位产生的反射波信号
易于检测的缺陷	与射线方向平行，且在这方向上有深度的缺陷	与超声波呈垂直方向，且在这方向上扩展的缺陷
主要检测对象	铸件、焊缝、小型机加工件和零件	锻件、压延件、焊缝、机加工件
主要检测缺陷	气孔、夹渣、缩孔、未焊透、未熔合、裂纹	裂纹、分层、未焊透、未熔合、气孔、缩孔、夹渣
缺陷显示	直观	不直观
检测速度	慢	快
缺陷种类的判别	容易	较难
缺陷形状的判别	容易	较难
缺陷在厚度方向上的部位判别	较难	容易
可检测厚度	薄	厚
检测费用	高	低
安全管理	需防护	容易

表 2-10 三种表面探伤方法的对比

对比内容	磁粉探伤	渗透探伤	涡流探伤
方法原理	磁力原理	毛细作用	电磁感应作用
检出缺陷类型	表面及近表面缺陷	表面开口缺陷	表面及表层缺陷
缺陷的表现形式	磁粉附着	渗透液的渗出	检测线圈电压和相位变化
显示材料	磁粉	渗透液和显像液	记录仪、电压表、示波器
适用材质	铁磁性材料	任何非多孔材料	导电材料
主要检验对象	锻钢件、压延件、铸钢件、焊缝、管材、棒材、型材和机加工件	铸材、焊缝、锻件、压延件	管材、线材、使用中的零件
主要检测缺陷	裂纹、发纹、白点、折叠、夹杂物	裂纹、疏松、针孔、夹杂物	裂纹、材质变化、壁厚测量
缺陷显示	直观	直观	不直观
检测速度	快	较慢	最快
应用	探伤	探伤	探伤、材质分选、壁厚测量
污染	轻	较重	最轻
灵敏度	高	高	较低

六、无损探伤新技术

1. 磁记忆检测

在地磁作用条件下，用铁磁材料制造的机械部件的缺陷处产生导磁率减小，工件表面的漏磁场增大的现象称为磁机械效应。磁机械效应的存在使得铁磁性金属工件表面磁场增强，同时，这一增强的磁场“记忆”着部件的缺陷或应力的位置，这就是“磁记忆”。

磁记忆检测的基本原理是：工件由于疲劳、蠕变而产生的裂纹会在缺陷处出现应力集中，由于钢铁金属材料存在磁机械效应，使其表面上的磁场分布与部件载荷及应力载荷存在对应关系，因此，可通过检测部件表面的磁场分布，间接地对部件缺陷或应力集中位置进行诊断。

磁记忆检测范围非常广，几乎可覆盖发电机组的全部受力构件，如汽轮机叶片、发电机护环、转子、四大管道、联箱、阀门、管座、大小头焊缝等常规方法无法检测的部位。磁记忆检测方法使用方便，不需要对被检部件进行打磨等预处理。磁记忆检测的缺点是掌握比较困难。

目前，磁记忆检测是一种单纯探伤的概念，而不是一种检测的概念，在用其进行检测后，还需要对已检测发现缺陷的部位进行如超声波探伤，以确定缺陷的存在。

2. 红外成像检测

近代物理学研究表明：任何温度不低于绝对零度（–273.5℃）的物体时刻都会对外发射热辐射，辐射的能量与物体的温度有关，这种辐射也称为红外辐射；通过红外测温，可以得到一个视场内的热辐射场的图像，即热像图，而热像图对应着该视场内物体的温度分布场。

由于电力工业上设备运行状态的好坏与否很大程度上依赖于设备的热分布（温度分布）正常与否，所以，红外成像检测技术在检测设备运行及诊断设备的隐患故障方面，有着无法比拟的优越性，被广泛应用于电力工业设备检漏检查。

3. 声发射检测

声发射（Acoustic Emission，AE）是指物体在承载或受外界作用时，因迅速释放（弹性）能量而瞬时产生应力波的一种物理现象。通过分析声发射信号和利用声发射信号，推断声发射源的技术，称为声发射技术。

声发射检测是一种动态的无损检测方法。通过声发射检测，检测压力容器或压力管道的器壁、焊缝、装配的零部件等表面和内部缺陷产生的声发射源，并确定声发射源的部位及划分综合等级。

声发射检测综合等级划分为 A、B、C、D、E、F 六个等级。A 级声发射源不需要复检，B、C 级声发射源由检验人员决定是否需要复验，其他级别的声发射源应采用常规无损检测。

第三章

电力增材再造常用方法

电力增材再造方法很多，被应用到不同的场合中。其中，常用的增材再造方法包括焊接技术、堆焊技术、热喷涂技术、电刷镀技术和电火花表面强化技术。本章主要介绍常用增材再造方法的特点、类别、所用材质以及应用范围，为利用上述方法实施电力设备材料增材再造提供技术保证。

第一节　焊　接　技　术

一、焊接技术概述

焊接是一种通过加热或加压，或两者并用，也可能用填充材料，使焊件达到原子结合的方法。

定义掌握三个要点：一是材料，可以是金属、非金属，也可以是同种材料、异种材料；二是达到原子间的结合；三是永久性。

在各种产品的制造过程中，焊接是一个非常重要的加工工序。焊接不仅可以连接碳钢、低合金钢、耐热钢、不锈钢等钢种，还可以连接铸钢、铸铁等特殊金属材料，因此广泛应用于各种金属零件的治理。随着科学技术的发展，电站金属部件的焊接工艺不断完善。到目前为止，已有数十种焊接方法。在生产中选择焊接方法时，不仅要了解各种焊接方法的特点和适用范围，还要考虑产品的要求，根据产品的结构、材料和生产工艺进行选择。

二、焊接方法分类及选择

从焊接方法上分，焊接可分为以下三类：

一是熔化焊。包括电弧焊（手工电弧焊、埋弧焊、气电焊），气焊，电渣焊，等离子焊、真空电子束焊、激光焊。

二是压力焊。包括摩擦焊、接触焊（点焊、对焊、闪光焊、缝焊等），超声波焊，扩散焊。

三是钎焊。包括真空钎焊、火焰钎焊、感应钎焊等。

在电站金属部件治理中，常用的方法有手工电弧焊和钨极氩弧焊。

1. 手工电弧焊

手工电弧焊（Shielded Metal Arc Welding，SMAW）是用手工操纵焊条进行焊接的电弧焊方法。手工电弧焊，在焊条末端和工件之间燃烧的电弧所产生的高温使焊条药皮、焊芯及工件熔化，熔化的焊芯端部迅速形成细小的金属熔滴，通过弧柱过渡到局部熔化的工件表面，融合一起形成熔池，药皮熔化过程中产生的气体和熔渣，不仅使熔池和电弧周围的空气隔绝，而且和熔化了的焊芯、母材发生一系列冶金应，保证所形成焊缝的性能。随着电弧以适当的弧长和速度在工件上不断地前移，熔池液态金属逐步冷却结晶，形成焊缝。手工电弧焊的过程如图 3－1 所示。

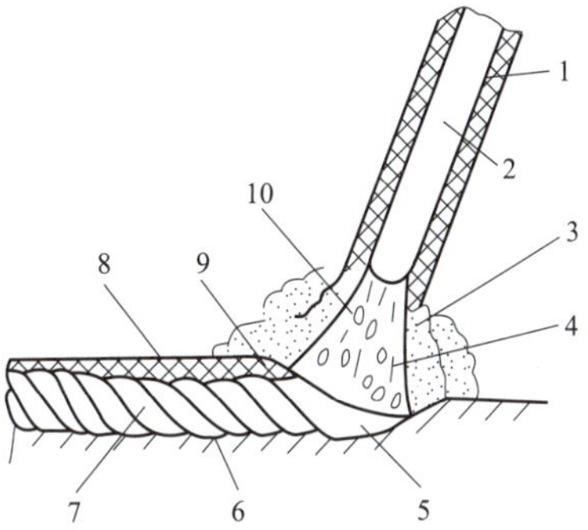

图 3－1 手工电弧焊的过程

1—药皮；2—焊芯；3—保护气；4—电弧；5—熔池；6—母材；7—焊缝；8—渣壳；9—熔渣；10—熔滴

（1）手工电弧焊具有以下优点：

1）设备简单，维护方便。手工电弧焊使用的交流和直流焊机都比较简单，焊接操作时不需要复杂的辅助设备，只需配备简单的辅助工具。这些焊机结构简单，价格便宜，维护方便，购置设备的投资少，这是它广泛应用的原因之一。

2）不需要辅助气体防护。焊条不但能提供填充金属，而且在焊接过程中能够产生保护熔池和焊接处避免氧化的保护气体，具有较强的抗风能力。

3）操作灵活，适应性强。手工电弧焊适用于焊接单件或小批量的产品、短的和不规则的、空间任意位置的以及其他不易实现机械化焊接的焊缝。凡焊条能够达到的地方都能进行焊接，可达性好，操作十分灵活。

4）应用范围广，适用于大多数工业用金属和合金的焊接。选用合适的焊条不仅可以焊接碳素钢、低合金钢，而且还可以焊接高合金钢及有色金属；不仅可以焊接同种金属，而且可以焊接异种金属，还可以进行铸钢铸铁补焊和各种金属材料的堆焊等。

（2）手工电弧焊有以下缺点：

1）对焊工操作技术要求高，焊工培训费用大。手工电弧焊的焊接质量，除靠选用合适的焊条、焊接参数和焊接设备外，主要靠焊工的操作技术和经验保证，即手工电弧焊的焊接质量在一定程度上取决于焊工的操作技术。因此必须经常进行焊工培训，所需要的培训费用很大。

2）劳动条件差。手工电弧焊主要靠焊工的手工操作和眼睛观察完成全过程，焊工的劳动强度大，并且始终处于高温烘烤和有毒的烟尘环境中，劳动条件比较差，因此要加强劳动保护。

3）生产率低。手工电弧焊主要靠手工操作，并且焊接参数选择范围较小，此外，焊接时要经常更换焊条以及进行焊道焊渣的清理，与自动焊相比，焊接生产率低。

4）不适于特殊金属以及薄板的焊接。对于活泼金属（如 Ti、Nb、Zr 等）和难熔金属（如 Ta、Mo 等），由于这些金属对氧非常敏感，焊条的保护作用不足以防止这些金属氧化，保护效果不够好，焊接质量达不到要求，所以不能采用手工电弧焊；对于低熔点金属如 Pb、Sn、Zn 及其合金等，由于电弧的温度对其来讲太高，所以也不能采用手工电弧焊焊接。另外，手工电弧焊的工件厚度一般在 1.5mm 以上，1mm 以下的薄板不适于手工电弧焊。

由于手工电弧焊具有设备简单、操作方便、适应性强，能在空间任意位置焊接的特点，所以被广泛应用于电站金属部件治理中。

2. 钨极氩弧焊

钨极氩弧焊（Gas Tungsten Arc Weld，GTAW），是以钨或钨的合金作为电极材料，在惰性气体的保护下，利用电极与母材金属（工件）之间产生的电弧热熔化母材和填充焊丝的焊接过程。

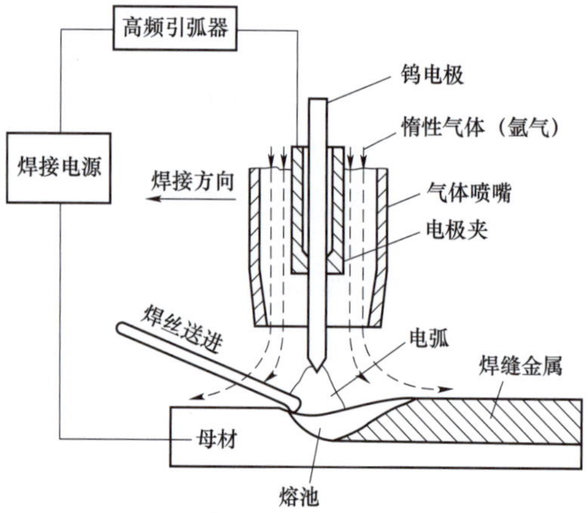

图 3–2　钨极氩弧焊焊接过程示意图

钨极氩弧焊焊接过程示意图如图 3–2 所示。焊接时，惰性气体以一定的流量从焊枪的喷嘴中喷出，在电弧周围形成气体保护层将空气隔离，以防止大气中的氧、氮等对钨极、熔池及焊接热影响区金属的有害作用、从而获得优质的焊缝。当需要填充金属时，一般在焊接方向的一侧把焊丝送入焊接区、熔入熔池而成为焊缝金属的组成部分。

在焊接时所用的惰性气体有氩气（Ar）、氦气（He）或氩氦混合气体。在某些使用场合可加入少量的氢气（H_2）。用氩气保护的称钨极氩弧焊；用氦气保护的称钨极氦弧焊。两者在电、热特性方面有所不同。由于氦气的价格比氩气高很多，故在工业上主要采用钨极氩弧焊。

（1）钨极氩弧焊的优点：

1）惰性气体不与金属发生任何化学反应，也不溶于金属，使得焊接过程中熔池的冶金反应简单易控制。在惰性气体保护下焊接，不需使用焊剂就几乎可以焊接所有的金属，焊后不需要去除焊渣，为获得高质量的焊缝提供了良好条件。

2）焊接工艺性能好，明弧，能观察电弧及熔池。即使在小的焊接电流下电弧仍然燃烧稳定。由于填充焊丝是通过电弧间接加热，焊接过程无飞溅，焊缝成形美观。

3）钨极电弧非常稳定，即使在很小的电流情况下（小于 10A）仍可稳定燃烧，能进行全位置焊接，并能进行脉冲焊接，容易调节和控制焊接的热输入，适合于薄板或对热敏感材料的焊接。

4）电弧具有阴极清理作用。电弧中的阳离子受阴极电场加速，以很高的速度冲击阴极表面，使阴极表面的氧化膜破碎并清除掉，在惰性气体的保护下，形成清洁的金属表面，又称阴极破碎作用。当母材是易氧化的轻金属，如铝、镁及其合金作为阴极时这一清理作用尤为显著。

5）热源和填充焊丝可分别控制，因而热输入容易调整，所以这种焊接方法可进行全位置焊接，也是实现单面焊双面成形的理想方法。

（2）钨极氩弧焊的缺点及其局限性：

1）熔深较浅，焊接速度较慢，焊接生产率较低。

2）钨极载流能力有限，过大的焊接电流会引起钨极熔化和蒸发，其微粒可能进入熔池造成对焊缝金属的污染，使接头的力学性能降低，特别是塑性和冲击韧度的降低。

3）惰性气体在焊接过程中仅仅起保护隔离作用，因此对工件表面状态要求较高。工件在焊前要进行表面清洗、脱脂、去锈等准备工作。

4）焊接时气体的保护效果受周围气流的影响较大，需采取防风措施。

5）采用的氩气较贵，熔敷率低，且氩弧焊机又较复杂，和手工电弧焊相比，生产成本较高。

钨极氩弧焊几乎可用于所有金属和合金的焊接，但由于其成本较高，通常多用于焊接不锈钢、耐热钢等。对于低熔点和易蒸发的金属（如铅、锡、锌），焊接较困难。对于某些厚壁重要构件（如压力容器及管道），在底层熔透焊道焊接、全位置焊接和窄间隙焊接时，为了保证底层焊接质量，往往采用钨极氩弧焊打底。

三、焊接材料的分类及选择

1. 焊条的分类及选择

焊条种类繁多，国产焊条约有几百种。在同一类型焊条中，根据不同特性分成不同的型号。某一型号的焊条可能有一个或几个品种。同一型号的焊条在不同的焊条制造厂往往可有不同的牌号。

（1）焊条分类。

焊条的分类方法很多，可以从不同的角度对焊条进行分类，不同国家焊条种类的划分、型号、牌号的编制方法等都有很大的差异。就电力金属部件治理来讲，熔渣的酸碱性和焊条用途分类具有较大工程意义。

1）按熔渣的酸碱性分类。

在电力金属部件治理中通常按熔渣的碱度（即熔渣中酸性氧化物和碱性氧化物的比

例）将焊条分为酸性焊条和碱性焊条（又称低氢型焊条）两大类。熔渣以酸性氧化物为主的焊条称为酸性焊条。熔渣以碱性氧化物和氟化钙为主的焊条称为碱性焊条。在碳钢焊条和低合金钢焊条中，低氢型焊条（包括低氢钠型、低氢钾型和铁粉低氢型）是碱性焊条；其他涂料类型的焊条均属酸性焊条。

碱性焊条与强度级别相同的酸性焊条相比，其熔敷金属的延性和韧性高、扩散氢含量低、抗裂性能强。因此当产品设计或焊接工艺规程规定用碱性焊条时，不能用酸性焊条代替。但碱性焊条的焊接工艺性能（包括稳弧性、脱渣性、飞溅等）较差，对锈、水、油污的敏感性大，容易出气孔，有毒气体和烟尘多，毒性也大。酸性焊条和碱性焊条的特性对比见表 3－1。

表 3－1　酸性焊条和碱性焊条的特性对比

序号	酸性焊条	碱性焊条
1	对水、铁锈的敏感性不大，使用前经 100～150℃，烘焙 1h	对水、铁锈的敏感性较大，使用前经 300～350℃，烘焙 1～2h
2	电弧稳定，可用交流或直流施焊	必须用直流反接施焊；药皮加稳弧剂后，可交、直流两用施焊
3	焊接电流较大	同规格比酸性焊条约小 10%
4	可长弧操作	必须短弧操作，否则易引起气孔
5	合金元素过渡效果差	合金元素过渡效果好
6	熔深较浅，焊缝成形较好	熔深稍深，焊缝成形一般
7	焊渣呈玻璃状，脱渣较方便	焊渣呈结晶状，脱渣不及酸性焊条
8	焊缝的常温、低温冲击韧度一般	焊缝的常温、低温冲击韧度较高
9	焊缝的抗裂性较差	焊缝的抗裂性好
10	焊缝的氢含量较高，影响塑性	焊缝的氢含量低
11	焊接时烟尘较少	焊接时烟尘稍多

2）按焊条用途分类。

按焊条用途分类可分为结构钢焊条、钼及铬钼耐热钢焊条、不锈钢焊条（铬、铬镍）、堆焊焊条、低温铜焊条、铸铁焊条、镍及镍合金焊条、铜及铜合金焊条、铝及铝合金焊条和特殊用途焊条 10 大类，见表 3－2。

表 3－2　按焊条的用途分类

序号	焊条类型	代号	
		拼音	汉字
1	结构钢焊条	J	结
2	钼及铬钼钢耐热钢焊条	R	热
3	铬不锈钢焊条	G	铬
	铬镍不锈钢焊条	A	奥

续表

序号	焊条类型	代号	
		拼音	汉字
4	堆焊焊条	D	堆
5	低温钢焊条	W	温
6	铸铁焊条	Z	铸
7	镍及镍合金焊条	Ni	镍
8	铜及铜合金焊条	T	铜
9	铝及铝合金焊条	L	铝
10	特殊用途焊条	TS	特

（2）焊条型号。

焊条型号指的是国家规定的各类标准焊条。焊条型号是以焊条国家标准为依据，反映焊条主要特性的一种表示方法。型号应包括以下含义：焊条、焊条类别、焊条特点（如熔敷金属抗拉强度、使用温度、焊芯金属类型、熔敷金属化学组成类型等）、药皮类型及焊接电源。不同类型的焊条，型号表示方法不同，具体的表示方法和表达在各类焊条相对应的国家标准中均有详细规定。

（3）焊条牌号。

焊条牌号是焊条产品的具体命名，一般由焊条制造厂制定。

每种焊条产品只有一个牌号，但多种牌号的焊条可以同时对应于一种型号。焊条牌号是用一个汉语拼音字母或汉字与三位数字来表示，拼音字母或汉字表示焊条各大类，后面的三位数字中，前两位数字表示各大类中的若干小类，第三位数字表示各种焊条牌号的药皮类型及焊接电源种类，其含义见表 3－3。

表 3－3　焊条牌号第三位数字的含义

焊条牌号	药皮类型	焊接电源种类
□××0	不定型	不规定
□××1	氧化钛型	交流或直流
□××2	钛钙型	交流或直流
□××3	钛铁矿型	交流或直流
□××4	氧化铁型	交流或直流
□××5	纤维素型	交流或直流
□××6	低氢钾型	交流或直流
□××7	低氢钠型	直流
□××8	石墨型	交流或直流
□××9	盐基型	直流

2. 焊丝的分类及选择

钨极氩弧焊使用的焊丝多为实心焊丝。焊丝品种随所焊金属的不同而不同，目前已有碳素结构钢、低合金钢、耐热钢、不锈钢、镍基合金焊丝等。

焊丝牌号的字母“H”表示焊接用实心焊丝，字母“H”后面的数字表示碳的质量分数，化学元素符号及后面的数字表示该元素大致的质量分数值。当元素的含量 w（Me）小于 1%时，元素符号后面的 1 省略。有些结构钢焊丝牌号尾部标有“A”或“E”字母，“A”表示为优质品，即焊丝的硫、磷含量比普通焊丝低；“E”表示为高级优质品，其硫、磷含量更低。

焊丝表面应当干净光滑，除不锈钢、有色金属焊丝外，各种低碳钢和低合金钢焊丝表面最好镀铜，镀铜层既可起防锈作用，又可改善焊丝与导电嘴的接触状况。但耐蚀和核反应堆材料焊接用的焊丝是不允许镀铜的。

第二节　堆　焊　技　术

一、堆焊技术概述

堆焊是采用焊接方法将具有一定性能的材料熔敷在工件表面的一种工艺过程。目的是对工件表面进行改性，以获得所需的耐磨、耐热、耐蚀等特殊性能的熔敷层，或恢复工件因磨损或加工失误造成的尺寸不足，这两方面的应用在表面工程学中称为修复与强化。

堆焊技术具有如下优点：

（1）可提高零件的使用寿命及耐磨、耐热、耐腐蚀等性能。

（2）由于堆焊制造了双金属层，从而节省了大量的合金材料，并获得优异的综合性能，使材料的利用更合理，进而降低了制造成本。

（3）缩短修理和更换零件时间，提高了生产率，降低了生产成本。

堆焊多属于熔焊范畴。堆焊时需考虑以下问题：

（1）必须分析零件服役条件及失效的原因，进而合理地选择堆焊金属层的材料，以便充分发挥堆焊层的功能。

（2）堆焊时必须减少母材在堆焊层中的熔入量，在焊材耗损较少的情况下就能达到所需的焊缝金属成分，即稀释率要低。

（3）为提高生产率，保证堆焊金属的质量，必须选择合适的焊接方法和正确的堆焊工艺。

目前堆焊已广泛应用于电力金属部件修复。

手工电弧堆焊是电力金属部件修复中应用最广泛的一种堆焊方法。随着焊接材料的发展和工艺方法的改进，应用范围更加广泛。例如：利用堆焊方法在风机叶片表面堆焊耐磨合金，可显著提高使用寿命。

自动明弧堆焊也在电力金属部件修复中广泛采用。相对于其他的堆焊修复工艺来说，自动明弧堆焊具有熔敷效率高、工艺简单、可控性强、综合成本低等特点，被广泛应用于电力磨煤辊修复中。

二、堆焊合金的分类及选择

为了适应电力金属设备复杂的应用工况，各种类型堆焊材料被研发、应用到生产实际中。为了能正确地选择堆焊材料，应该对堆焊材料进行合理的分类。材料的成分和组织结构对使用性能和应用范围起着决定性的作用。了解了各种材料的使用性能和应用范围之后，再根据堆焊修复的工艺条件和经济性，决定使用何种合金或堆焊材料产品（如焊条、带材、丝材、粉末等）；有时所选出的材料直接决定了焊接材料产品的形式（如粉末等），这时就需要根据材料的供应形式寻找合适的堆焊工艺。

一般，将堆焊材料按其成分分为铁基、钴基、镍基、铜基合金及碳化物等几大类。

1. 铁基合金

铁基合金是应用最广泛的一种堆焊合金，这不仅是因为它价格低廉、经济性好，而且经过成分、组织的调整，铁基合金可以在很大范围之内改变自身的强度、硬度、韧性、耐磨性、耐蚀性、耐热性和抗冲击性。由于合金含量和冷却速度的不同，铁基合金堆焊层的组织可以是珠光体、马氏体、奥氏体或莱氏体。成分和显微组织基本上决定了该合金的应用范围。当然，合金元素的加入也会使堆焊层产生某些特殊的性能。例如，W、Mo、V 和 Cr 可以使材料的高温性能得到提高。

（1）珠光体合金。

珠光体合金实质上是合金成分不高的低碳钢。这类钢的含碳量较低（小于 0.25%），合金元素总量不超过 5%。因此，焊后得到的珠光体组织（亦包括索氏体和屈氏体），其硬度为 HRC20～38。珠光体堆焊层由于硬度较低，耐蚀性亦不佳，所以常用于机械零件恢复尺寸时的打底层，目的是提高堆焊的经济性或形成底层基体金属和顶层高合金在成分和性能上的良好过渡层。在少数情况下，珠光体堆焊层也可以直接用于对耐磨性要求不高的工作表面。

珠光体合金的焊接性良好，对稀释率的要求也不严。采用的工艺方法以手弧焊和熔化极自动堆焊为主。

手弧焊常用的珠光体堆焊焊条有：D102，D107，D112 和 D127 等。

（2）马氏体合金。

在正常的焊接条件下，马氏体合金堆焊层的焊态组织为马氏体。其含碳量在 0.1%～1.0%之间，同时含有 Mn、Mo、Ni 等元素，使其具有“自淬硬”性能。根据淬硬性和冷却条件的不同，焊后组织在马氏体和马氏体+贝氏体之间变化。

马氏体合金堆焊层又可按其含碳量分为低碳、中碳和高碳马氏体三种堆焊层。其中含碳量不大于 0.3%的为低碳马氏体，含碳量处于 0.3%～0.6%之间的为中碳马氏体，含碳量处于 0.6%～1.0%之间的为高碳马氏体。其硬度也随着含碳量和含合金量的变化而在 HRC25～60 之间变化。马氏体合金堆焊层的硬度比珠光体钢高，而韧性和抗冲击性则较低。随着含碳量的增加，这种趋势越来越明显，耐磨性也有所提高。

马氏体合金堆焊层最理想的应用是在抗金属间磨损的场合，例如各种齿轮、轴类的堆焊。马氏体合金堆焊层的焊接性比珠光体钢差。因此，焊前对母材表面要进行除油除锈，对裂纹敏感性比较强的母材要考虑焊前预热和焊后热处理。马氏体合金的主要堆焊工艺方法是手工电弧堆焊和熔化极自动堆焊。手工电弧堆焊常用的焊条为 D167，D172，D207，D212，D227，D237 等。施焊前务必注意对焊条的烘干、低氢型焊条的烘干温度为 300～350℃，烘干时间为 1h；钛钙型焊条烘干温度为 100℃，烘干时间为 1h。熔化极自动堆焊根据工艺不同，可以选择不同供应形式的焊接材料（如粉芯焊丝、带材、丝材等），然后再选用低碳、中碳或高碳的不同成分。

（3）耐磨奥氏体合金。

耐磨奥氏体合金主要分为高锰钢和铬锰钢两大类。典型高锰钢含 1.0%～1.4%C，10%～14%Mn；低铬锰奥氏体钢含 Cr 量不超过 4%，含 Mn 量在 12%～15%之间，并含有一些 Ni 和 Mo；高铬锰奥氏体钢堆焊层含 Cr 量在 12%～17%之间，含 Mn 量约 15%。高锰钢和铬锰奥氏体钢在堆焊后具有相同的组织结构，均为奥氏体组织。焊态的硬度也相似，在 HB200～250 之间。它们最显著的共同特点是加工硬化性能非常强。在受到较大的冲击载荷以后，表层硬度可达 HB450～550。因此，耐磨奥氏体堆焊层对低应力磨粒磨损的抗力并不出众，但特别适合在有冲击的高应力磨粒磨损的场合中使用。其中高铬锰奥氏体堆焊层还具有较好的耐蚀性和抗氧化性。

高锰钢堆焊层的工艺性能比较好，但有时会出现热裂倾向。为此，推荐使用较小的线能量，例如ϕ3.2 的焊条，施焊时焊接电流只要 70～90A 即可。在低合金钢基体上堆焊高锰钢和低铬锰奥氏体钢时，由于母材的稀释作用，会在焊层中出现马氏体脆化区，使堆焊层在冲击载荷下产生裂纹进而引起剥落。故建议在堆焊之前先用高合金奥氏体不锈钢打底作过渡。而高铬锰奥氏体堆焊层不必使用过渡层。

除上述铁基合金外，还有耐磨双相中锰合金、耐腐蚀合金以及高合金铸铁，被广泛应用在电力系统外其他行业中，在这里不一一赘述。

2. 钴基合金

钴基合金本身具有耐蚀性、耐热性以及抗黏着磨损等性能。钴基合金主要有两大系列：第一系列是 Co－Cr－W－C 系；第二系列是 Co－Mo－Cr－Si 系。前者用 M_7C_3 型碳化物强化，使该系列的抗磨粒磨损性能得到提高；后者用拉弗斯相强化，在抗金属间磨损，例如齿轮啮合面的磨损方面性能优越。

钴基合金价格昂贵。一般情况下，优先选用铁基或镍基合金。由于钴基合金的耐蚀、耐热、耐磨性，在高温腐蚀、高温磨损等条件下可以考虑用钴基合金。例如，高温高压阀门、燃气轮机涡轮叶片等场合。

为了节约堆焊材料，降低稀释率，堆焊钴基合金时多采用氧乙炔火焰堆焊或粉末等离子堆焊。个别情况下也用手工电弧堆焊，常用的 Co－Cr－W－C 系列的堆焊材料有 RCoCrA（Co－Cr28－W4－C1.1 粉末或 D802 焊条），RCoCrB（Co－Cr29－W8－C1.35 粉末或 D812 焊条），RCoCrC（Co－Cr30－W12－C2.5 粉末或 D822 焊条）。常用的 Co－Mo－Cr－Si 系列中有 T－800 合金（Co－Mo28－Cr17－Si3）粉末等。

手工电弧堆焊时，宜采用直流反接，小电流短弧焊，并适当预热（$T \geqslant 300℃$）。焊后注意缓冷。

3. 镍基合金

镍基合金中最常见的是 Ni－Cr－B－Si 系列和 Ni－Cr－Mo－W 系列，此外还有 Ni－Cr－Mo－C，Ni－Mo－Fe 和 Ni－Cr－W－Si 等系列。

Ni－Cr－B－Si 系列以高硬度的硼化铬作为强化相，有较高的耐低应力磨粒磨损能力，优良的耐腐蚀、耐热和抗高温氧化性能。主要用于高温下低磨粒磨损和高温腐蚀的工况，但其抗冲击性能较差，应引起注意。

Ni－Cr－Mo－W 系列主要用于耐腐蚀的场合，但也可作为高温耐磨材料。其强度高，韧性好，耐冲击，特别是可机械加工性能使其应用日趋广泛。

Ni－Cr－Mo－C 系列堆焊层中含有碳化物，可作为钴基耐磨堆焊合金的代用品。

Ni－Mo－Fe 系列（Ni－20Mo－20Fe）则最适于在耐盐酸、耐碱的化工设备中应用。

镍基合金的堆焊工艺方法主要是氧乙炔火焰堆焊（重熔）、粉末等离子堆焊和手工电弧堆焊。有时也用铸造焊丝 TIG 焊。镍基合金堆焊时一般无需预热，但要求用较小的线能量。粉末等离子堆焊时应仔细清理待焊表面，除尽锈和油污。

常用的镍基合金堆焊材料有 Ni337 焊条，F121、F122 粉末等。

4. 铜基合金

铜基合金按成分可分为紫铜（纯铜）、黄铜（铜－锌合金）、青铜（铜－锡、铜－铝、铜－硅合金）和白铜（铜－镍合金）。

铜基合金兼有在某些条件下良好的耐蚀性能和抗黏着磨损性能。黄铜和青铜在金属与金属间的磨损场合具有优良的性能，被广泛地用来修理电力辅机轴承表面；硅青铜和铝青铜耐海水腐蚀的能力很强，铝青铜还有抗气蚀的性能。铜基合金耐磨粒磨损和耐高温蠕变的能力差，且易受硫化物和氨盐的腐蚀，因而在电力高温部件中应用得相对较少。

惰性气体保护焊是堆焊铜合金时的首选工艺。其中 TIG 焊适用于小零件、小面积的修复堆焊，MIG 则适用于大厚度零件、大面积的堆焊。手工电弧堆焊也很常用，焊接时均推荐用较小的电流，以免母材过多地熔入堆焊层，造成使用性能的下降。

5. 碳化物

碳化物以 W 的碳化物为主，还包括 Ti、Mo、V、Ta 和 Cr 的碳化物。它们的共同特点是硬度很高。其中碳化钨的应用最为普遍。

碳化钨的制造工艺分铸造和烧结两种。尽管碳化钨的熔点很高，但在电弧的直接作用下也会分解，所以不能用焊接技术堆焊纯的碳化钨。常用的方法是将碳化钨颗粒放进钢管或合金管内，然后制成电焊条或直接作为氧乙炔堆焊的填料。也可以将碳化钨放入镍基、钴基合金之中吹制成粉，以供等离子堆焊或氧乙炔堆焊使用。

碳化物堆焊层是由基体（铁基、钴基、镍基或铜基合金）与嵌入其中的碳化物颗粒组成的复合材料。在严重的磨粒磨损场合，基体的强度非常重要，直接关系到堆焊层的整体耐磨性。

碳化物堆焊层的工艺方法主要是氧乙炔火焰堆焊、手工电弧堆焊和粉末等离子堆焊。堆焊时，总的原则是不要使碳化物过热分解。例如，用氧乙炔中性焰堆焊时，注意不要用焰芯加热合金颗粒。

6. 选择堆焊合金的原则

选择堆焊合金的原则，是在满足使用要求、经济性和工艺可行性三个方面综合评判并作出合理的决断。

要满足使用要求，就必须首先对工况和工件的失效形式进行分析。要将造成失效的诸多因素一一列出，分清主次，辨明其间的相互作用。例如，同样是磨损，可细分为多种磨损形式，其中还可能有腐蚀介质的作用、温度的作用、氧化的作用等。

根据使用条件，选择堆焊合金的步骤如下：

（1）分析工作条件，确定失效类型及对堆焊层的要求；

（2）选择几种可供采用的堆焊合金；

（3）分析这些堆焊合金与基材的相容性，同时要考虑热应力和裂纹倾向的大小；

（4）堆焊零件的现场试验；

（5）根据使用寿命和成本进行评价，选出最佳方案；

（6）选择堆焊方法，制定堆焊工艺。

三、堆焊方法

电力金属部件堆焊的方法很多，应用较为广泛的有手工电弧堆焊、埋弧自动堆焊、CO_2 气体保护堆焊以及自动明弧堆焊。

1. 手工电弧堆焊

手工电弧堆焊的特点是设备简单、工艺灵活、不受焊接位置及工件表面形状的限制，因此成为最常见的一种堆焊方法。

堆焊是在工件表面的某一部位熔敷一层特殊的合金层，其目的是恢复被磨损或被腐蚀的零件尺寸，提高工作面的耐磨、耐蚀或耐热等性能。由于工件的工作条件十分复杂，堆焊时必须根据工件的材质及工作条件选用合适的焊条。例如，在磨损的零件表面进行堆焊，通常要根据表面的硬度要求选择具有相同硬度等级的焊条；堆焊耐热钢、不锈钢零件时，要选择和基体金属化学成分相近的焊条，其目的是保证堆焊金属和基体有相近的性质。

在保证焊缝成型的前提下，堆焊电流的选择应以偏小为原则。这样做的好处是既可获得较大的余高，又可以保证堆焊金属不会被母材过度地稀释。

2. 埋弧自动堆焊

理弧自动堆焊电弧在焊剂下形成。由于电弧的高温作用，熔化的金属形成的金属蒸气与焊剂蒸发形成的焊剂蒸气在焊剂层下形成了一个密闭的空腔，电弧就在此腔内燃烧。空腔上部熔融态的焊剂隔绝了外部的大气。液态金属在腔内气体压力和电弧磁吹的共同作用下被排挤到熔池的后部，并在那里结晶；随金属一起流向熔池后部的熔渣，由于比重较轻，在流动的过程中逐渐上浮并与液态金属相分离，最后形成覆盖在焊道表面的渣壳。

埋弧自动堆焊的堆焊层质量好。由于熔渣的保护，减少了空气中 N_2、H_2、O_2 对熔池的侵入；焊道的化学成分均匀，成型美观。埋弧焊还可以根据工作条件选择焊剂，向焊缝中过渡合金元素。例如在堆焊耐磨层时，可选用高硅高锰焊剂，使焊层成为高硅锰合金。

埋弧自动堆焊的生产效率很高，适用于自动化生产。此外，工人的工作条件较好，无弧光威胁，粉尘量低。

埋弧自动堆焊的缺点是设备较为复杂，且焊接电流大，工件的热影响区也大，故不适于体积小、容易变形的机械零件的焊接。

埋弧自动堆焊常用的焊丝有 H08、H08A、H08Mn、H15、H15Mn 等。有些硬度高且耐磨性更好的焊丝如 H2Cr13、H3Cr13、H30CrMnSiA 和 H3Cr2W8V 也在可选之列。

3. CO_2 气体保护堆焊

CO_2 气体保护堆焊是采用 CO_2 气体作为保护介质的一种堆焊工艺。

CO_2 气体以一定的速度从喷嘴中吹向电弧区，形成了一个可靠的保护区，把熔池与空气隔开，防止 N_2、H_2、O_2 等有害气体侵入熔池，从而提高了堆焊层的质量。

CO_2 是一种氧化性气体，在焊接过程中对熔融金属中的 Fe、Si、Mn 等元素起氧化作用。生成的氧化物形成渣浮在焊层表面，在堆焊层冷却时收缩脱落。

CO_2 气体保护堆焊的主要优点是：由于 CO_2 的保护作用，堆焊层的质量好；CO_2

的氧化作用能抑制氢的危害，焊层中含氢量低，且对表面的油锈不太敏感；由于电流密度高，电弧热量集中，工件的热变形小；堆焊层硬度高且均匀，焊层内的含碳量随 CO_2 气体流量的增加而增加；生产率高而成本低，表现在熔敷效率高，不需要清渣，CO_2 供应容易等方面。

这种工艺同时也有不少缺点。例如：其合金化手段是通过合金焊丝向焊层过渡，不利于调整焊层的化学成分；焊丝的化学成分对产生气孔和飞溅都比较敏感；由于电弧吹力较强，使熔合比增高；CO_2 的氧化性强，合金元素烧损严重等。

CO_2 气体保护堆焊所用的材料主要是 CO_2 气体和焊丝，它们是决定焊层质量和性能的主要因素。

CO_2 气体的标准是：CO_2 含量大于 99%，O_2 含量小于 0.1%，H_2O 含量小于 $1.22g/m^2$。对质量要求高的焊缝，CO_2 的纯度应大于 99.5%。

焊丝的成分应根据母材及对焊层的要求进行选择。为了解决 CO_2 氧化性所引起的问题，如合金元素的烧损、气孔、飞溅等，焊丝必须具有足够的脱氧能力。常用的焊丝有 H08MnSi、H08MnSiA、H08Mn2SiA、H04Mn2SiTiA、H10MnSi、H10MnSiMo、H08MnSiCrMo、H08Cr3Mn2MoA 等。

4. 自动明弧堆焊

自动明弧堆焊既不同于埋弧自动堆焊的焊剂保护，也不同于 CO_2 气体保护堆焊的气体保护，而是通过选用自保护粉芯焊丝完成保护，从而实现自动堆焊。自保护粉芯焊丝按照其是否产生熔渣可分为：渣保护和无渣自保护粉芯焊丝。渣保护粉芯焊丝通常是结构钢粉芯焊丝，在粉芯焊丝加入一定的组份，如 TiO_2、$CaCO_3$ 等，焊后需要大量人力进行清渣作业。相反，无渣自保护粉芯焊丝则主要由金属粉末组成，明弧堆焊时产生的渣极少，接近无渣，因而焊接时无需清渣，可连续进行焊接作业，具有熔敷效率高、节能等优点，但其仅用于堆焊生产。

相对于其他的堆焊修复工艺来说，自保护无渣明弧堆焊具有以下优点：

（1）熔敷效率高。自保护明弧堆焊可采用现有的埋弧焊机等设备，易实现自动化，焊丝熔敷效率高。

（2）工艺简单。焊前工件不需预热，只需进行简单的打磨或清洗，焊接过程中无需采取任何的保护措施，且采用金属粉型焊丝进行多道堆焊时，焊道无需清渣，可进行连续作业。

（3）可控性强。明弧堆焊过程电弧可见，方便焊工对焊缝成形进行质量监控，以便调整焊接工艺。

（4）综合成本低。焊接过程中无需焊剂，也不需要复杂的供气设备，设备易操作，能耗较低，且焊接工艺简单，节省工时。

第三节　热喷涂技术

一、热喷涂技术概述

热喷涂技术作为一种新的表面防护和强化工艺在近二十多年里得到了迅速发展。在这个时期，热喷涂技术由早期制备一般的装饰性和防护性涂层发展到制备各种功能性涂层；由产品的维修发展到大批量的产品制造；由单一涂层发展到包括产品失效分析、表面预处理、喷涂材料和设备的选择、涂层系统设计和涂层后加工等在内的热喷涂系统工程。目前，热喷涂技术已成为材料表面领域中十分活跃的独立学科分支。根据喷涂热源，热喷涂分为火焰喷涂、电弧喷涂与等离子喷涂等。火焰喷涂是最早得到应用的一种喷涂方法，主要用于制备耐蚀和耐磨涂层。电弧喷涂也适用于制备耐蚀耐磨涂层。等离子喷涂则广泛应用于耐蚀、耐磨、隔热、绝缘、抗高温涂层的制备。近些年来，热喷涂技术已向高能、高速方向发展。

二、火焰喷涂

火焰喷涂法是以氧－燃料气体火焰作为热源，将喷涂材料加热到熔化或半熔化状态，并高速喷射到经过预处理的基体表面上，从而形成具有一定性能的涂层的工艺。

燃料气体包括乙炔（燃烧温度 3260℃）、氢气（燃烧温度 2871℃）、液化石油气（燃烧温度约 2500℃）和丙烷（燃烧温度达 3100℃）等。乙炔和氧结合能产生最高的火焰温度。火焰喷涂法的另一发展是使用液体燃料，例如用重油和氧作为热源，粉末与燃料油混合，芯浮于燃料油中。此法与其他方法相比，粉末在火焰中有较高的浓度并分布均匀，热传导性更好。很多氧化物（例如氧化铝、氧化硅、富铝红柱石即 $Al_6Si_2O_{13}$）宜采用此法进行喷涂。

1. 氧－乙炔火焰丝材喷涂技术

以氧－乙炔作为加热金属丝材的热源，使金属丝端部连续被加热达到熔化状态，借助于压缩空气将熔化状态的丝材金属雾化成微粒，喷射到经过预处理的基体表面而形成牢固结合的涂层。图 3－3 为氧－乙炔火焰丝材喷涂原理示意图。

氧－乙炔火焰丝材喷涂的特点：与粉末材料喷涂相比，装置简单、操作方便；容易实现连续均匀送料，喷涂质量稳定；喷涂效率高，耗能少；涂层氧化物夹杂少，气孔率低；对环境污染小。

2. 氧－乙炔火焰粉末喷涂技术

氧－乙炔火焰粉末喷涂也是采用氧－乙炔火焰作为热源，但喷涂材料采用粉末。图 3－4 为氧－乙炔火焰粉末喷涂原理图。喷涂粉末从喷枪上料斗通过进粉口漏到氧与乙炔的混合气体中，在喷嘴出口处粉末受到氧－乙炔火焰加热至熔融状态或达到高塑性状态后，喷射并沉积到经过预处理的基体表面，从而形成牢固结合的涂层。

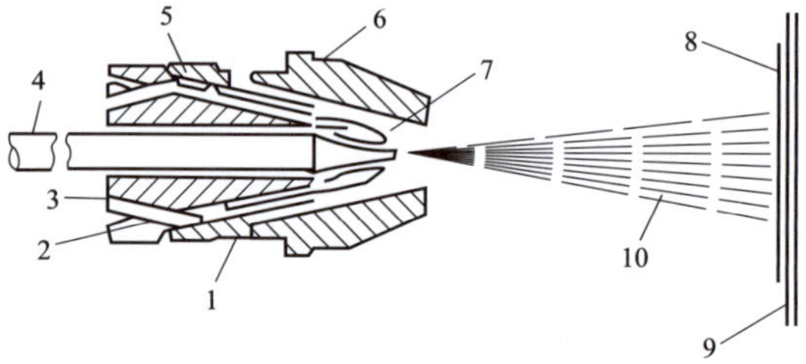

图 3－3　氧－乙炔火焰丝材喷涂原理示意图

1—空气通道；2—燃料气体；3—氧气；4—丝材或棒材；5—气体喷嘴；6—空气罩；7—燃烧的气体；8—喷涂层；9—制备好的基材；10—喷涂射流

氧－乙炔火焰粉末喷涂具有设备简单，工艺操作简便，应用广等特点。

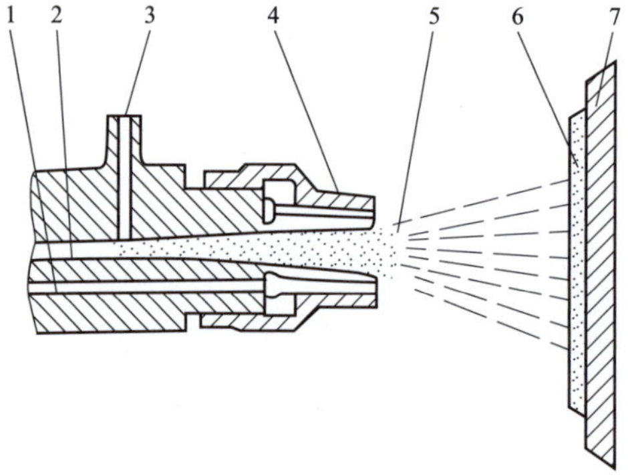

图 3－4　氧－乙炔火焰粉末喷涂原理

1—氨－乙炔气体；2—粉末输送气体；3—粉末；4—喷嘴；5—火焰；6—涂层；7—基体

3. 氧－乙炔火焰粉末喷熔技术

氧－乙炔火焰金属粉末喷熔的原理是以氧－乙炔火焰为热源，把自熔剂合金粉末喷涂在经过制备的工件表面上，在工件不熔化的情况下，加热涂层，使其熔融并润湿工件，通过液态合金与固态工件表面的相互溶解与扩散，形成一层呈冶金结合并具有特殊性能的表面熔敷层。

喷熔包括两个过程：一是喷涂过程；二是重熔过程。重熔过程的目的是要得到无气孔、无氧化物、与工件表面结合强度高的涂层。

三、电弧喷涂

电弧喷涂是 20 世纪 80 年代兴起的热喷涂技术。由于电弧喷涂设备的发展与更新，使它成为目前热喷涂技术中最受重视的技术之一。

1. 电弧喷涂原理

电弧喷涂是以电弧为热源，将熔化的金属丝用高速气流雾化，并以高速喷到工件表面形成涂层的一种工艺。

喷涂时，两根丝状金属喷涂材料用送丝装置通过送丝轮均匀连续地分别送进电弧喷涂枪中的导电嘴内，导电嘴分别接电源的正、负极，并保证两根丝之间在未接触之前的可靠绝缘。当两金属丝材端部由于送进导电嘴而互相接触时，在端部之间短路并产生电弧，使丝材端部瞬间熔化并用压缩空气把熔化金属雾化成微熔滴，以很高的速度喷射到工件表面，形成电弧喷涂层（见图 3－5）。

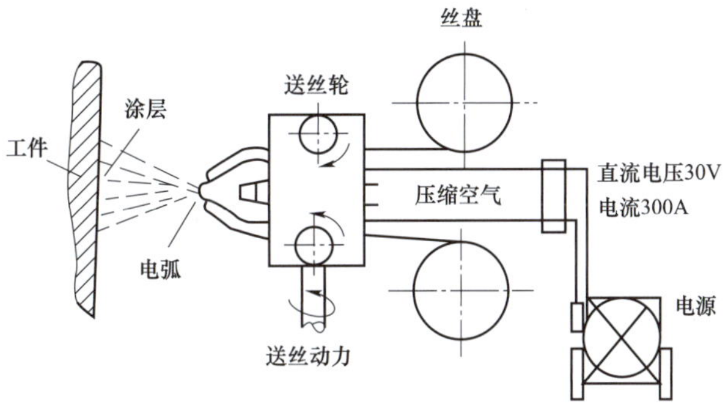

图 3－5　电弧喷涂原理示意图

2. 电弧喷涂的特点

（1）其涂层能达到高结合强度和优异的涂层性能。应用电弧喷涂技术，可以在不提高工件温度、不使用贵重底层材料的情况下获得高的结合强度，结合强度大于 20MPa。一般电弧喷涂层的结合强度是火焰喷涂层的 2.5 倍。

（2）效率高，表现在单位时间内喷涂金属的重量大。电弧喷涂的生产效率正比于电弧电流，比火焰喷涂提高 2～6 倍。

（3）电弧喷涂的节能效果十分突出，能源利用率显著高于其他喷涂方法，能源费用降低 50%以上。

（4）电弧喷涂是十分经济的热喷涂方法。它的能源利用率很高，加之电能的价格又远低于氧气和乙炔，其费用通常仅为火焰喷涂的 1/10。

（5）电弧喷涂技术仅使用电和压缩空气，不用氧气、乙炔等易燃气体，安全性高。

由于电弧喷涂具有上述特点，使它在近 20 年间获得迅速发展，在国际上已部分取代火焰喷涂和等离子喷涂。据有关资料统计，在所有热喷涂技术中，电弧喷涂的市场比例占第三位。

3. 电弧喷涂材料

电弧喷涂材料主要有有色金属线材（由铝、锌、铜、钼、镍等金属及其合金制成）和黑色金属线材（由碳钢、不锈钢等制成）。目前，国内外试用 2～3mm 的管状丝材，在管状丝材内填充上所需的合金粉末，然后在电弧喷涂机上对待喷的工件进行喷涂，获得合金喷涂层。

（1）锌及锌合金。

锌为银白色金属，在大气中或水中具有良好的耐腐蚀性，而在酸、碱、盐中不耐腐蚀，当水中含有 SO_2 时，它的耐腐蚀性能也很差。

在锌中加入铝可以提高喷涂后的耐腐蚀性能，因此目前也大量使用 Zn－Al 合金喷涂材料。

锌喷涂层已广泛应用于室外露天的钢铁构件，如水门闸、桥梁、铁塔和容器等。

（2）铝及铝合金。

铝用作防腐蚀喷涂层时，作用与锌相似。它与锌相比，比重轻、价格低廉，在含有二氧化硫的气体中耐腐蚀效果比较好。在铝及铝合金中加入稀土不仅能提高涂层的结合强度，而且可降低孔隙率。

铝还可以用作耐热喷涂层。铝在高温作用下能在铁基体上扩散，与铁发生作用形成抗高温氧化的 Fe_3Al，从而提高钢材的耐热性。

铝喷涂层已广泛用于贮水容器、硫磺气体包围中的钢铁构件、食品贮存器、燃烧室、船体和闸门等。

（3）铜及铜合金。

纯铜主要用作电器开关和电子元件的导电喷涂层及塑像、工艺品、水泥等建筑表面的装饰喷涂层。

黄铜喷涂层广泛用于修复磨损及加工超差的零件，修补有铸造砂眼、气孔的黄铜铸件，也可作为装饰喷涂层使用。

铝青铜的结合强度高，抗海水腐蚀能力强，并具有很好的耐腐蚀疲劳和耐磨性。主要用于修复水泵叶片、气闸阀门、活塞、轴瓦，也可以用来修复青铜件及装饰喷涂层。

（4）镍及镍铬合金。

镍合金中用作喷涂材料的主要为镍铬合金。这类合金具有非常好的抗高温氧化性能。可在 880℃高温下使用，是目前应用很广的热阻材料。镍铬合金还可耐水蒸气、二氧化碳、一氧化碳、氨、醋酸及碱等介质的腐蚀，因此镍铬合金被大量用作耐腐蚀及耐高温热喷涂层。例如，美国采用 45CT（45%Cr，4%Ti，其余为 Ni）丝材电弧喷涂锅炉管道取得了良好效果。不锈钢丝材电弧喷涂镍铬合金能够获得良好的耐磨防腐涂层。

（5）钼。

钼在喷涂中常作为黏结底层材料使用，还可以用作摩擦表面的减摩工作涂层，如活塞环、刹车片、铝合金气缸等。

（6）碳钢和低合金钢。

碳钢和低合金钢是广泛应用的电弧喷涂材料。它具有强度较高、耐磨性好、价格低廉等特点。电弧喷涂过程中碳和合金元素易烧损，易造成涂层多孔和氧化物夹渣，使涂层性能下降。因此采用碳元素较高的碳钢，以弥补碳元素的烧损。

（7）管状丝材（粉芯丝材）。

我国已应用 3Cr13、4Cr13、7Cr13 等管状丝材作为耐磨喷涂材料，其具有良好的抗高温稳定性。

四、等离子喷涂

1. 概述

等离子喷涂是以等离子弧为热源的热喷涂。等离子弧是种高能密束热源，电弧在等离子喷枪中受到压缩，能量集中，其横截面的能量密度可提高到 105～106W/cm^2，弧柱中心温度可升高到 15000～33000K。在这种情况下，弧柱中气体随着电离度的提高而成为等离子体，这种压缩型电弧为等离子弧。根据电源的不同接法，等离子弧主要有下述三种形式（见图 3－6）。

（1）非转移型等离子弧。

非转移型等离子弧简称为非转移弧［见图 3－6（a）］，它是在接负极的钨极与接正极的喷嘴之间形成的，而工件不带电。等离子弧在喷嘴内部不延伸出来，但从喷嘴中喷射出高速焰流。非转移弧常用于喷涂、表面处理及焊接或切割较薄的金属或非金属。

（2）转移型等离子弧。

转移型等离子弧简称为转移弧［见图 3－6（b）］，它是在接负极的钨极与接正极的工件之间形成的，在引弧时要先用喷嘴接电源正极，产生小功率的非转移弧，而后工件转接正极将电弧引出去，同时将喷嘴断电。转移弧有良好的压缩性，电流密度和温度都高于同样焊枪结构和功率的非转移弧。转移弧主要用于切割、焊接及堆焊。

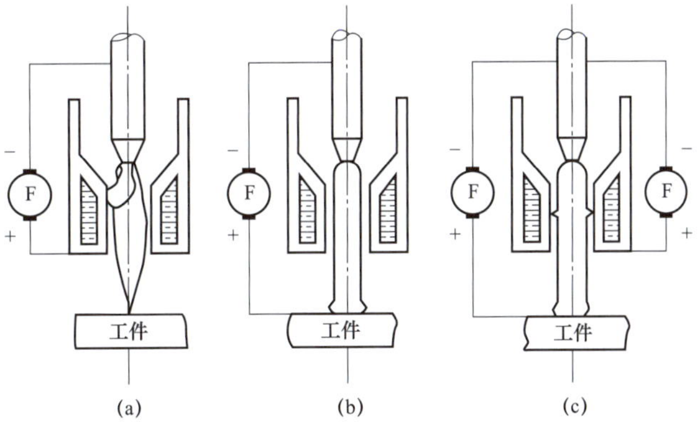

图 3－6　等离子弧的三种形式

（a）非转移弧；（b）转移弧；（c）联合弧

（3）联合型等离子弧。

联合型等离子弧简称为联合弧［见图 3－6（c）］由转移弧和非转移弧联合组成。它主要用于电流在 100A 以下的微弧等离子焊接，以提高电弧的稳定性。在用金属粉末材料进行等离子堆焊时，联合弧可以提高粉末的熔化速度而减少熔深和焊接热影响区。

2. 等离子弧的特点

（1）温度高，能量集中。

图 3－7 是对 400A 非转移型等离子弧温度的测量结果（氩气流量为 10L/min）。由图 3－7 可见，在喷嘴出口处中心温度已达到了 20000K。

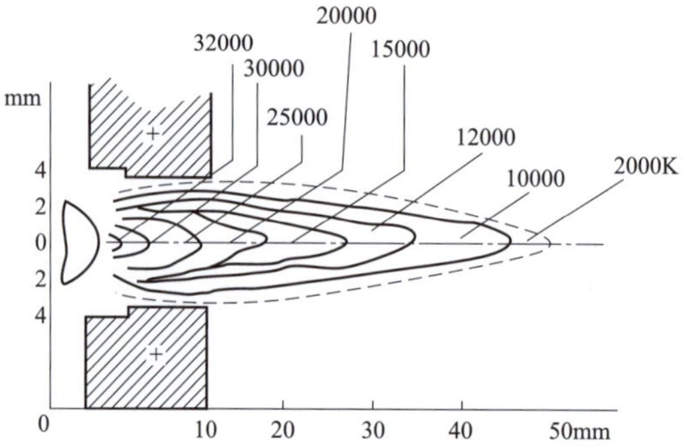

图 3－7　一种非转移弧的温度

等离子弧温度高、能量集中的特点有很大的应用价值。在喷涂或焊接、堆焊时，它可以熔化任何金属或金属陶瓷；可以获得高的生产率、减少工件变形和热影响区。

（2）焰流速度高。

进入喷枪中的工作气体被加热到上万度高温，体积剧烈膨胀，因而等离子焰流自喷枪中高速喷出，具有很大的冲击力，提高了喷涂层的性能。

作为喷涂用的等离子弧的焰流速度通常为每秒几百米。

（3）稳定性好。

由于等离子弧是一种压缩型电弧，弧柱挺拔、电离度高，因而电弧位置、形状以及弧电压、弧电流都比自由电弧稳定，不易受外界因素的干扰。

（4）调节性好。

压缩型电弧可调节的因素较多，在很广的范围内稳定工作，可以满足等离子工艺的要求，这是自由电弧所不能达到的。

3. 等离子喷涂原理及特点

（1）等离子喷涂的原理。

图 3－8 的右侧是等离子体发生器，又叫等离子喷枪，根据工艺的需要经进气管通入氮气或氩气，也可以再通入 5%～10%的氢气。这些气体进入弧柱区后，将发生电离，成为等离子体。由于钨极与前枪体有一段距离，故在电源的空载电压加到喷枪上以后，

并不能立即产生电弧，还需在前枪体与后枪体之间并联一个高频电源。高频电源接通使钨极端部与前枪体之间产生火花放电，使电弧被引燃。电弧引燃后，切断高频电路。引燃后的电弧在孔道中受到三种压缩效应，温度升高、喷射速度加大，此时向前枪体的送粉管中输送粉状材料，粉末在等离子焰流中被加热到熔融状态，并高速喷打在零件表面上。当撞击零件表面时熔融状态的球形粉末发生塑性变形，黏附在零件表面，各粉粒之间也依靠塑性变形而互相钩接起来，随着喷涂时间的增长，零件表面就获得了一定尺寸的喷涂层。

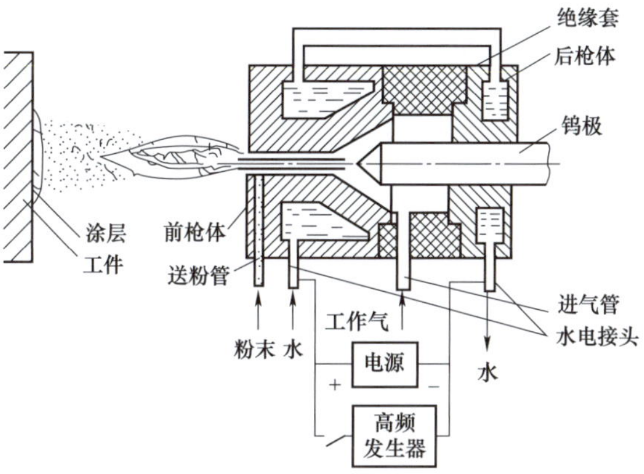

图 3－8　等离子喷涂原理示意图

（2）等离子喷涂的主要特点。

1）零件无变形，不改变基体金属的热处理性质。因此，对一些高强度钢材可以实施喷涂。

2）涂层的种类多。由于等离子焰流的温度高，可以将各种喷涂材料加热到熔融状态，因而可供等离子喷涂用的材料非常广泛，从而也可以得到多种性能的喷涂层。

3）工艺稳定，涂层质量高。在等离子喷涂中，熔融状态粒子的飞行速度可达 180～480m/s，远比氧－乙炔焰粉末喷涂时的粒子飞行速度 45～120m/s 高。等离子喷涂层与基体金属的法向结合强度通常为 40～70MPa，而氧－乙炔焰粉末喷涂一般为 5～10MPa。

此外，等离子喷涂还和其他喷涂方法一样，具有零件尺寸不受限制、基体材质广泛、加工余量小、可喷涂强化普通基材零件表面等优点。

（3）等离子喷涂材料。

按粉末成分、特性可将喷涂用粉末分为纯金属粉末、合金粉末、自熔性合金粉末、陶瓷粉末、复合粉末、塑料粉末等。涂层材料虽有几百种，但常用的只有几十种。重点介绍以下几种粉末。

1）陶瓷粉末。

陶瓷粉末的品种很多，包括氧化物、碳化物、硅化物和硼化物等。它们一般都具有高熔点、高硬度、优良的高温稳定性等特点。在机械维修热喷涂中用得较多的是氧化铝、氧化铬和碳化钨粉末。

a. 金属氧化物。金属氧化物与其他耐热材料相比，导电导热性低，在高温时的强度高、稳定性好。在高温时稳定性好的材料有氧化铬、氧化钛等材料。这些氧化物常用于不受冲击载荷的易磨损零件和耐高温氧化零件的隔热、绝缘涂层。为了提高涂层的韧性，可将几种氧化物混合使用，也可和其他金属材料或复合材料混合使用。

b. 碳化物。碳化物的熔点都很高，有的比组成碳化物的金属元素的熔点还高，熔化点可在 3000℃以上，但在高温的氧化性气体介质中，碳化会被氧化导致失碳。即使如此，多数碳化物的耐氧化性比耐热合金还好，比碳和石墨的耐氧化性也高，同时碳化物在高温下也不降低机械性能。所以碳化物作为耐热材料和高温耐磨材料是很合适的，在实际应用中，硅和钛的碳化物是很好的耐热材料。硼、硅、钛、钨的碳化物是超硬的，可以作切削刀具的磨料，碳化钨、碳化钛、碳化铬广泛地应用于各种耐磨涂层中。碳化钨是碳化物喷涂材料中最常见的材料。碳化钨的熔点为 2800℃，硬度为 HRA93，但很脆。纯碳化钨喷涂的主要问题是因容易失碳而影响其耐磨性。解决的办法是在镍基自熔性合金粉末中掺入 25%～35%的碳化钨，形成一种包含硬质点的软基体结构，用镍基粉末来提高涂层的韧性，用碳化钨来保证零件的耐磨性。实践证明，这种涂层抗磨粒磨损性能良好。此外，严格控制喷涂工艺参数也能保证碳化钨涂层质量。

c. 金属硼化物。金属硼化物熔点高、硬度高、在高温下的蒸气压低、是电的良导体，但有在 1300～1500℃以上的氧化物介质中被氧化的缺点。所以，硼化物作为耐热材料高温时必须在还原性气体或真空中使用。目前，这种材料仅用于航空航天等高技术领域。

2）复合粉末。

目前应用最广的复合粉末为镍包铝复合粉末，它是以铝为核心在外面包覆一层镍，一般均为球状颗粒，粒度为 160～400 目。

镍包铝复合粉末的主要特点是将它加热至 660～680℃时，镍与铝发生剧烈的放热反应。当等离子喷涂镍包铝复合粉末时，被等离子焰流加热熔融的粉末，由于本身的放热反应，熔融的合金粉末在飞行过程中不是越来越凉，而是越来越热。当熔融质点到达零件表面时，这种放热反应还可持续几个微秒。这样使铝化镍涂层与基体之间形成牢固的冶金结合，冶金层的厚度可达 1μm 左右。同时，镍包铝涂层的表面粗糙，容易与其他涂层结合。因此，镍包铝除作为最后工作涂层外，还常用作其他工作涂层的底层（或过渡层）。

3）一次性粉末。

一次性粉末喷涂后，涂层与基体有良好的结合强度，同时涂层又有一定的耐磨、抗高温氧化性能，即兼顾了自黏结粉末和工作层粉末的功能，所以近年来一次性粉末发展很快，受到普遍重视，我国许多单位都在进行研究，以降低成本，推广使用。

4. 等离子喷涂用气体及其选择

等离子喷涂的工作气和送粉气应根据所用的粉末材料，选择费用最低、传给粉末的热量最大、与粉末材料反应的有害性最小的气体。

最常用的气体有氮、氩气，有时为了提高等离子焰流的焓值，在氮气或氩气中可分别加入 5%～10%的氢气，但在它的加入量超过 10%后，会加剧喷嘴的烧损。

氮气（N_2）属于双原子气体，在热电离过程中，首先要吸收热量分解成单原子，然后进一步吸收热量发生原子电离。分解和电离过程中吸收的总热量称为它的热焓值。热焓值也可理解为等离子体所蕴藏的热量，氮气作为等离子气体时具有很高的热焓值。热焓值越高，在它的等离子焰流与粉末进行热交换时放出的热量也就越大。

氩气（Ar）是单原子气体，它在热电离过程中没有分解过程，而是直接吸收热量进行电离。因此，它的热焓值没有双原子气体高，所以对粉末的加热能力不如氮气。此外，热导率也低于氮气，80kW 高能等离子喷枪的测试结果表明，在同样条件下，氮气的焓值要比氩气高 1.5～2.2 倍。虽然氩气的焓值不如氮气，但氩气是惰性气体，它与各种金属均不发生化学反应，也不溶解于各种金属，因此在喷涂化学活泼性较强的粉末（如 WC、Al）以及对涂层质量要求较高时可选用氩气。且由于氩气没有分解过程，它在吸收热量产生电离时，虽然使用的弧电压较低，但是温度很快升高，引弧性能比双原子气体好，所以在等离子喷涂时，采用氩气起弧比较适宜。但是氩气来源比较困难，价格昂贵，在应用时受到一定限制，故在一般情况下，特别是在机械维修中尽可能选用氮气。

在氮气或氩气中如果加入 5%～10%的氢气，则可提高焓值，并对喷枪的热效率也有所改善。80kW 高能等离子喷枪的测试结果表明，当分别在氮气和氩气中加入 10%的氢气时，可使氩气等离子焰流的焓值提高 90%左右，而氮气等离子焰流的焓值可提高 15%～20%。但是氢气是一种易燃易爆的气体，远距离运输有困难，另外对一些氢脆性敏感的高强度钢也不宜加氢喷涂。

喷涂所用的气体要求具有一定的纯度，否则钨极很容易烧损，氮气和氢气要求纯度不低于 99.9%，氩气不低于 99.99%。

从本质上讲，往喷枪中通入气体的目的：一是对等离子弧进行压缩；二是控制等离子焰流的氧化还原气氛。从第一个目的出发，等离子喷涂也可以不限于氮气和氩气。近年来空气等离子喷涂装置也已达到成熟阶段，只要在喷涂材料上解决氧化问题，则可使喷涂成本大大降低，这是一种应用前景广阔的喷涂工艺。此外，近年来用水对等离子弧压缩的水稳等离子喷涂装置也有较快的发展。如水稳等离子喷涂装置送粉量可比气体等离子喷涂提高 10～15 倍，而成本只是气体等离子喷涂的十分之一。

第四节 电 刷 镀 技 术

一、电刷镀技术概述

电刷镀（Brush Electro－Plating）技术是电镀技术的新发展，是表面工程的重要组成内容。它具有设备轻便、操作灵活、镀积速度快、镀层种类多、结合强度高、适应范围广、对环境污染小、省水省电等一系列优点，是机械零件修复和强化的有效手段，尤其适用于大型机械零件的不解体现场修理或野外抢修。

二、电刷镀技术的基本原理

从图 3－9 可以看出，电刷镀技术采用专用的直流电源设备，电源的正极接镀笔作为刷镀时的阳极，电源的负极接工件，作为刷镀时的阴极。镀笔通常采用高纯细石墨块作阳极材料，石墨块外面包裹上棉花和耐磨的涤棉套。刷镀时使浸满镀液的镀笔以一定的相对运动速度在工件表面上移动，并保持适当的压力。这样在镀笔与工件接触的那些部位，镀液中的金属离子在电场力的作用下扩散到工件表面，并在工件表面获得电子被还原成金属原子，这些金属原子沉积结晶就形成了镀层。随着刷镀时间的增长镀层增厚。

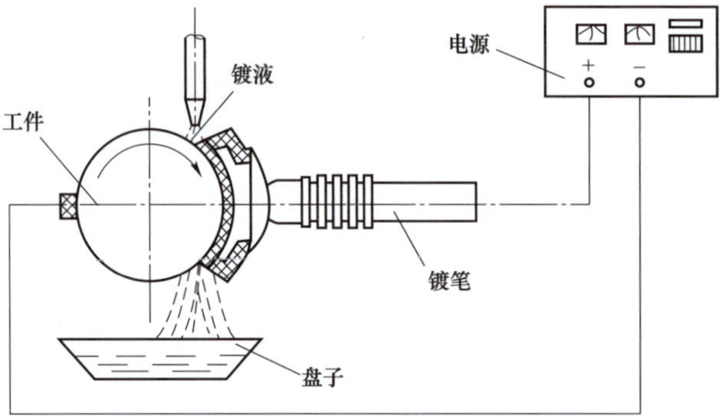

图 3－9　电刷镀技术基本原理示意图

电刷镀技术的基本原理可以用下式表示：

$$M^{n+}+ne\rightarrow M \qquad (3-1)$$

式中　M^{n+} ——金属正离子；

n——该金属的化合价数；

e——电子；

M——金属原子。

三、电刷镀技术的特点

电刷镀技术的基本原理与槽镀相同，但它却有着区别于槽镀的许多特点。正是这些特点带来了电刷镀技术的一系列优点，其主要特点可以从三个方面叙述。

1. 设备特点

（1）电刷镀设备多为便携式或可移动式，体积小、重量轻，便于到现场使用或进行野外抢修。

（2）不需要镀槽，也不需要挂具，设备数量大大减少，占用场地少，设备对场地设施的要求大大降低。

（3）一套设备可以完成多种镀层的刷镀。

（4）镀笔（阳极）材料主要采用高纯细石墨，是不溶性阳极。石墨的形状可根据需要制成各种样式，以适应被镀工件表面形状为宜。刷镀某些镀液时，也可以采用金属材料作阳极。设备的用电量、用水量比槽镀少得多，可以节约能源、资源。

2. 镀液特点

（1）电刷镀溶液大多数是金属有机络合物水溶液，络合物在水中有相当大的溶解度，并且有很好的稳定性。因而镀液中金属离子含量通常比槽镀高几倍到几十倍。

（2）不同镀液有不同的颜色，透明清晰，没有浑浊或沉淀现象，便于鉴别。

（3）性能稳定，能在较宽的电流密度和温度范围内使用，使用过程中不必调整金属离子浓度。

（4）不燃、不爆、无毒性，大多数镀液接近中性，腐蚀性小，因而能保证手工操作的安全，也便于运输和储存。除金、银等个别镀液外均不采用有毒的络合剂和添加剂。现在无氰金镀液已研制出来。镀液固化技术和固体制剂的研制成功，给镀液的运输、保管带来了极大的方便。

3. 工艺特点

（1）电刷镀区别于电镀（槽镀）的最大工艺特点是镀笔与工件必须保持一定的相对运动速度，正是由于这一特点，带来了电刷镀的一系列优点。

（2）由于镀笔与工件有相对运动，散热条件好，在使用大电流密度刷镀时，不易使工件过热。其镀层的形成是一个断续结晶过程，镀液中的金属离子只是在笔与工件接触的那些部位放电还原结的。镀笔的移动限制了晶粒的长大和排列，因而镀层中存在大量的超细晶粒和高密度的位错，这是镀层强化的重要原因。

（3）镀液能随镀笔及时供送到工件表面，明显缩短了金属离子扩散过程，不易产生金属离子贫乏现象。加上镀液中金属离子含量很高，允许使用比槽镀更大的电流密度，因而镀层的沉积速度快。

（4）电刷镀技术使用手工操作，方便灵活，尤其对于复杂型面，凡是镀笔能触及到的地方均可镀上。非常适用于大设备的不解体现场修理。

四、电刷镀技术的应用范围

1. 恢复磨损零件的尺寸精度与几何精度

在工业领域中，因机械设备零部件磨损造成的经济损失是巨大的，用电刷镀恢复磨损零件的尺寸精度和几何精度是行之有效的方法。

2. 填补零件表面的划伤沟槽、压坑

零件表面的划伤沟槽、压坑，是运行的机械设备经常出现的损坏现象。尤其在机床导轨，压缩机的缸体、活塞，液压设备的油缸、柱塞等零件上最为多见。用刷镀或刷镀加其他工艺修补沟槽、压坑是一种既快又好的方法。

3. 补救加工超差产品

生产中加工超差的产品，一般说来超差尺寸都很小，非常适合用电刷镀修复，使工厂成品率大大提高。

4. 强化零件表面

用电刷镀技术不但可以修复磨损零件的尺寸，而且可以起到强化零件表面的作用。例如在模具型腔表面刷镀0.01～0.02mm的非晶态镀层，可以使其寿命延长20%～100%。

5. 提高零件表面导电性

在电解槽汇流铜排接头部位镀银，可减小电阻、降低温升，使用效果良好。例如为了提高大型计算机的工作可靠性，在电路触点处电刷镀金处理，既能保证触点处有很小的接触电阻，又能防止触点处金属氧化造成的断路。

6. 提高零件的耐高温性能

钴–镍–磷–铌非晶态镀层的晶化温度可达320℃，在400～500℃高温下，镀层由非晶态向晶态转变后，同时析出第二相组织。这些第二相组织是弥散分布在镀层中的硬质点，有效提高了镀层耐高温磨损的性能。

7. 改善零件表面的钎焊性

把一些难钎焊材料直接用钎焊的方法连接在一起，是十分困难的。而在这些难钎焊的材料表面上刷镀某些镀层后，钎焊将变得非常容易，而且有较高的结合强度。

8. 减小零件表面的摩擦系数

当需要零件表面具有良好的减摩性时，可选用铟、锡、铟锡合金、巴氏合金等镀层。试验证明，在滑动摩擦表面或齿轮啮合表面上刷镀0.6～0.8μm的铟镀层时，不仅可以降低摩擦副的摩擦系数，而且可以有效地防止高负荷时产生的黏着磨损，具有良好的减摩性能。

利用复合刷镀方法，在镍镀液中加入二硫化钼、石墨等微粉，也可减小镀层的摩擦系数，并起到自润滑作用。

9. 提高零件表面的防腐性

当要求零件具有良好的防腐性时，可根据防腐要求和零件工作条件选择镀层。阴极性镀层有金、银、镍、铬等。阳极性镀层有锌、镉等。

10. 装饰零件表面

电刷镀层也可以作为装饰性镀层来提高零件表面的光亮度与工艺性。如在金属制品、首饰上镀金、镀银层会使这些制品更为珍贵。在一些金属、非金属制品上还可以进行仿古刷镀，如在秦兵俑上刷镀仿青铜色。

第五节 电火花表面强化技术

一、电火花表面强化技术概述

电火花表面强化技术是通过电火花放电的作用把一种导电材料涂敷熔渗到另一种导电材料的表面，从而改变后者表面物理和化学等性能的工艺方法，它是电火花加工技术的分支之一。70 年代电火花表面强化技术开始在生产上得到应用，并逐步推广。实践证明，电火花表面强化技术具有设备简单、操作容易、成本低等优点，可用于模具、刃具及机械零件的表面强化和磨损部位的修补，例如，把硬质合金等材料涂敷在用碳素钢制成的各类模具、刃具、量具及机械零件的表面，可以提高其表面硬度，增加耐磨性、耐蚀性，从而使使用寿命提高一至数倍。

二、电火花表面强化技术的原理

电火花表面强化技术的原理及过程如图 3－10、图 3－11 所示。电极与工件之间接上直流电源或交流电源，由于振动器的作用使电极与工件之间的放电间隙频繁发生变化，电极与工件之间不直接接触。当电极 1 与工件 2 分开较大距离时［见图 3－11（a）］，电源经过电阻 R 对电容器充电，同时电极在振动器的带动下向工件运动。当电极与工件之间的间隙接近到某一距离时，间隙中的空气被击穿，产生火花放电［见图 3－11（b）］，使电极和工件材料局部产生熔化，甚至汽化。当电极继续接近工件并与工件接触时［见图 3－11（c）］，火花放电停止，在接触点处流过短路电流，使该处继续加热。当电极继续下降时，以适当压力压向工件，使熔化的材料相互黏结、扩散形成合金或产生新的化合物熔渗层。随后电极在振动器的作用下离开工件［见图（3－11（d）），由于工件的热容量比电极大，工件放电部位急剧冷却。经多次放电，并相应地移动电极的位置，从而使电极的材料黏结、覆盖在工件上，即在工件表面形成强化层。

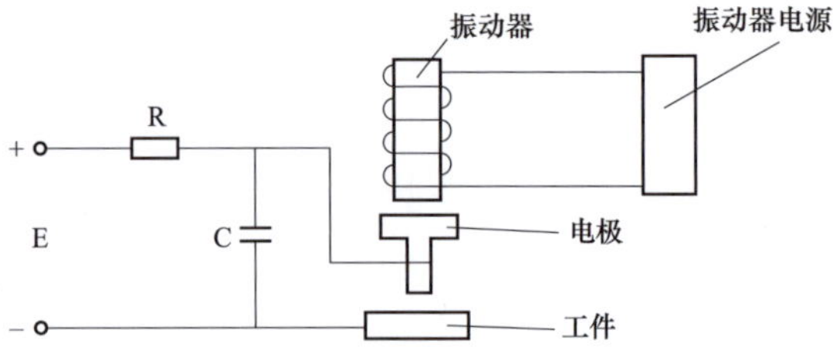

图 3－10　电火花表面强化技术原理示意图

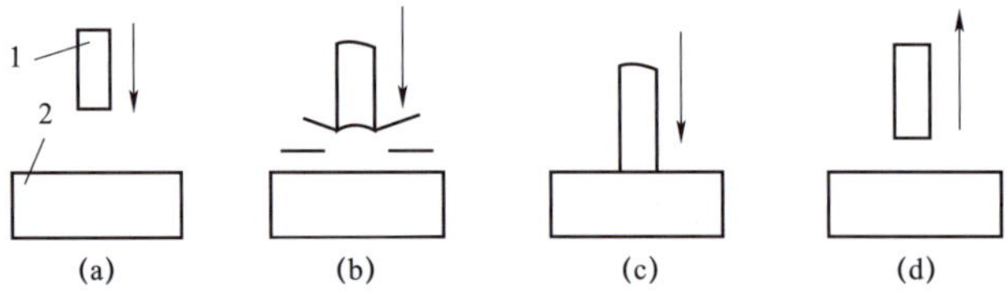

图 3－11　电火花表面强化技术过程示意图

三、电火花表面强化技术机理

1. 超高速淬火

电火花放电使工件表面极小面积的金属被迅速加热到高温，使该范围金属熔化和部分汽化。由于电火花放电的时间很短暂，而被加热的金属周围是大量低温金属，所以被电火花放电加热的金属会以很快的速度冷却下来，这一过程就是对金属表面层进行了超高速淬火。

2. 渗氮

在电火花放电通道区域内，温度很高，空气中的氮分子呈原子状态，它和受高温而熔化的金属有关元素化合成高硬度的金属氮化物，如氮化铁、氮化铬等。

3. 渗碳

来自石墨电极或周围介质的碳元素，一部分溶解在加热而熔化的铁中，一部分形成金属碳化物，如碳化铁、碳化铬等。

4. 电极材料的转移

在工作压力和电火花放电作用下，电极材料接触转移到工件金属熔触表面，有关金属合金元素（钨、钛、铬等）迅速扩散在工件金属的表面层，产生固溶强化。

四、电火花表面强化层的特性

1. 强化层的金相组织

强化层的金相组织与电极材料、工件材料、强化条件以及电源参数等有关。当使用钨钴类硬质合金电极强化时，形成了通常称为“白层”的合金层、合金扩散层和热影响层，由这三部分组成了电火花金属表面强化层。

根据白层的电子显微镜观察、分析和硬度值的测量，白层是电极材料和基体材料组成的新合金。电镜分析表明：白层的金相组织主要是碳化物、氮化物、马氏体和少量奥氏体所形成的斯太利合金。此外还有少量氧、铬、铁、碳等元素及其化合物。

由于电极与工件材料的相互熔渗及合金化的原因，强化层与基体结合是极为牢固的。因而，经过表面强化的机械零件，在实际使用过程中未曾发现剥落的现象。

2. 强化层的厚度

电火花金属表面强化层的厚度应是白层和扩散层这两层厚度的总和。因为扩散层用常规的手段难以观察，而白层是影响耐磨性的关键，强化工艺中白层的深度又接近于强化后工件的增厚值，所以通常可以用白层的深度来表示强化层的厚度。

强化层的厚度与电极和工件的材质、强化机电气参数和加工条件等有关。例如在相同的条件下，放电脉冲能量增加，最大强化层厚度也增加。对于目前输入功率在100W以内的小功率强化机，最大强化层厚度约为0.02～0.03mm。

3. 强化层的硬度

电火花强化层的厚度比较薄，因此强化层的硬度需用显微硬度计测量。强化层的硬度与所使用的电极材料和工件材料有较大关系，当使用硬质合金YG8作电极材料时，在同样的强化条件下，工件材料不同时，白层的硬度有较为明显的区别，而且显微硬度值介于电极和工件硬度之间。其显微硬度可达1100～1400HV（相当HRC70～74）或者更高。

4. 强化层的耐磨性

强化层的耐磨性与电极材料的硬度有关，硬度越高耐磨性越好。如：用铬锰、钨铬钴合金、硬质合金YT15等作为电极强化45钢时，将使其耐磨性比原来平均提高2～2.5倍。但在研究耐磨性的同时还必须考虑工件材料的物理、力学性能及强化层的组织致密性和孔隙度等因素。

5. 强化层的耐蚀性

选用合适的电极材料，强化后的工件的腐蚀或耐水蚀性能将有较大幅度的改善。例如，当用不同的电极材料强化时，用 NaCl 水溶液做腐蚀性试验，经 Si 电极强化的耐蚀性提高32%；经C电极强化的耐蚀性提高90%。WC、CrMn、YT15作电极强化不锈钢材料后，进行水冲蚀试验表明，耐蚀性提高2～4倍。蒸汽阀的喷嘴经强化后，耐水蚀性可提高3～5倍。

6. 强化层的耐热性

强化层的耐热性与工件材料、电极材料有关。如用WC电极在45钢表面形成的强化层加热到700～800℃的高温时，其硬度基本没有下降。

汽轮机的叶片在高温和潮湿的条件下工作，对叶片材料而言，既要耐高温，又要耐水冲蚀。实际运行表明，经电火花强化后的叶片，可以大大减轻冲蚀程度。未经电火花强化的叶片运行一年左右即发现进气边有水蚀现象，运行 6 年半后，有的叶片尖已被冲出，而经过强化的叶片仍然大都保持完好无损。

7. 强化层的疲劳强度

电火花强化的表面，由于加热和冷却的作用，在工件表面产生压应力，其疲劳强度可提高两倍左右。

8. 强化表面的粗糙度

从电火花表面强化层的形成过程可知，在一个微小的区域内经过多次放电后可形成强化点，而强化层是许多强化点的融合和重叠。所以，微观强化表面与机械切削和磨削的表面不同。当采用精加工规范进行强化时，表面粗糙度一般可达 Ral.6（∇6）。因此，通常对模具、刃具，在粗加工规范涂敷之后，再经规范修整即可使用。而当表面粗糙度要求较细时，可以用研磨器将强化表面抛光。

第四章

电力典型钢材增材再造

电力典型钢材有低碳钢、低合金钢、耐热钢和不锈钢。其中，耐热钢包括珠光体耐热钢、贝氏体耐热钢、马氏体耐热钢，不锈钢包括马氏体不锈钢、铁素体不锈钢、奥氏体不锈钢。电力典型钢材增材再造的方法主要是焊接。本章主要介绍电力典型钢材的焊接特点、化学成分及力学性能、特性及主要应用范围，以及焊接工艺，为电力典型钢材的焊接提供技术支持。

第一节　电力典型钢材焊接性分析

一、低碳钢焊接性

低碳钢因 C、Mn、Si 含量少，正常情况下焊接时，整个焊接过程不需要采取特殊的工艺措施，如不需要预热、控制层（道）间温度和后热，焊后也不必采取热处理改善接头热影响区和焊缝组织，其焊接热影响区不会因焊接而引起严重的硬化组织或淬火组织。此时，钢材的塑性和冲击韧度优良，焊接接头的塑性和冲击韧度也很好，接头产生裂纹的可能性小，其焊接性优良。但在少数情况下，低碳钢焊接性也会变差，焊接时出现困难，例如低碳钢焊接接头性能不合格的几种情况：焊接接头的弯曲性能不合格，焊接热影响区或焊缝金属的冲击性能不合格，焊接接头的强度不足，疲劳或腐蚀等性能不合格。

低碳钢作为焊接性优良钢种，许多焊接方法均适用于焊接低碳钢。焊接方法确定后，此种焊接方法对应的焊接材料种类即确定。对低碳钢焊接材料，一般根据其强度和结构的重要性，选用相配套的焊接材料。

所选用或实际使用的焊接材料，应首先保证焊接接头最小强度不低于母材抗拉强度要求下限。此处应先根据熔敷金属的最低强度级别与母材最小抗拉强度要求相匹配。但焊后焊缝金属的实际强度与母材强度的关系，与熔敷金属和母材金属 C、Mn、Si 含量差异有关。熔敷金属的合金元素最终进入焊缝中的数量，与参与脱氧的合金元素数量有关，参与脱氧的合金元素越多，最后焊缝金属中的合金元素的量越少，有可能造成焊缝金属的强度低于母材。

对于重要的低碳钢结构，选择焊接材料时，还应考虑熔敷金属的塑性和冲击韧度要求。选用原则是应使焊接材料熔敷金属的塑性或冲击性能指标尽量达到或接近母材的塑性或冲击性能最低要求。

焊接参数选择原则，在保证焊接过程稳定的条件下，在焊接热输入和焊接效率之间寻求平衡。在满足接头等强度条件下，降低接头热输入可提高焊接热影响区的冲击性能和塑性。当焊接接头性能试验不合格时，如接头的弯曲性能不合格，焊缝或焊接热影响区的硬度超过技术要求指标，也可以考虑用焊后热处理（退火或正火等）的办法恢复接头性能。

低碳钢的焊接性整体较好，焊接时一般不需要预热、控制层（道）间温度和后热，焊后也不必采取热处理改善接头热影响区和焊缝组织。

二、低合金钢焊接性

低合金钢是在碳素钢的基础上添加一定量的合金元素而成，合金元素的质量分数一般为 1.5%～5%，用以提高钢的强度并保证其具有一定的塑性和韧性。

以热轧和正火状态使用的低合金高强度钢，由于其碳含量及合金元素含量均较低，因此其焊接性总体较好，其中热轧钢的焊接性更优，但由于这类钢中含有一定量的合金元素及微合金化元素，焊接过程中如果工艺不当，也存在着焊接热影响区脆化、热应变脆化及产生焊接裂纹（氢致裂纹、热裂纹、再热裂纹、层状撕裂）等不良影响。只有在掌握其焊接性特点和规律的基础上，才能制订正确的焊接工艺，保证焊接质量。

1. 焊接方法的选择

低合金高强度钢可采用焊条电弧焊、熔化极气体保护焊、埋弧焊、钨极氩弧焊、气电立焊、电渣焊等所有常用的熔焊及压焊方法焊接。具体选用何种焊接方法取决于所焊产品的结构、板厚、对性能的要求及生产条件等。其中焊条电弧焊、埋弧焊、实心焊丝及药芯焊丝气体保护电弧焊是常用的焊接方法。对于氢致裂纹敏感性较强的低合金高强度钢的焊接，无论采用哪种焊接工艺，都应采取低氢的工艺措施。厚度大于 100mm 低合金高强度钢结构的环形和长直线焊缝，常常采用单丝或双丝窄间隙埋弧焊。当采用高热输入的焊接工艺方法，如电渣焊、气电立焊及多丝埋弧焊去焊接低合金高强度钢时，在使用前应对焊缝金属和热影响区的韧性作严格的评定，以保证焊接接头韧性能够满足使用要求。

2. 焊接材料的选择

焊接材料的选择首先应保证焊缝金属的强度、塑性、韧性达到产品的技术要求，同时还应考虑抗裂性及焊接生产效率等。由于低合金高强度钢氢致裂纹敏感性较强，因此选择焊接材料时应优先采用低氢焊条和碱度适中的埋弧焊焊剂。焊条、焊剂使用前应按制造厂或工艺规程规定进行烘干。焊条烘干后应存放在保温筒随用随取。

3. 焊接热输入的控制

焊接热输入的变化将改变焊接冷却速度，从而影响焊缝金属及热影响区的组织组成，并最终影响焊接接头的力学性能及抗裂性。屈服强度不超过 500MPa 的低合金高强度钢焊缝金属，如能获得细小均匀针状铁素体组织，其焊缝金属则具有优良的强韧性，而针状铁素体组织的形成需要控制焊接冷却速度。因此，为了确保焊缝金属的韧性，不宜采用过大的焊接热输入。焊接操作上尽量不用横向摆动和挑弧焊接，推荐采用多层窄焊道焊接。

热输入对焊接热影响区的抗裂性及韧性也有显著的影响。低合金高强度钢热影响区组织的脆化或软化都与焊接冷却速度有关。由于低合金高强度钢的强度及板厚范围都较宽，合金体系及合金含量差别较大，焊接时钢材的状态各不相同，很难对焊接热输入作出统一的规定。各种低合金高强度钢焊接时应根据其自身的焊接性特点，结合具体的结构形式及板厚，选择合适的焊接热输入。

4. 预热及焊道间温度

预热可以控制焊接冷却速度，减少或避免热影响区中淬硬马氏体的产生，降低热影响区硬度，同时预热还可以降低焊接应力，并有助于氢从焊接接头的逸出。预热是防止低合金高强度钢焊接氢致裂纹产生的有效措施，但预热常常恶化劳动条件，使生产工艺复杂化，不合理的、过高的预热和焊道间温度还会损害焊接接头的性能。因此，焊前是否需要预热及合理的预热温度，都需要认真考虑后选择或通过试验确定。

5. 焊接后热及焊后热处理

当焊接含碳量偏上限的 Q345（16Mn）钢时，为降低淬硬倾向，防止冷裂纹的产生，可采用焊接后热和焊后热处理。焊接后热是指焊接结束或焊完一条焊缝后，将焊件或焊接区立即加热到 150～250℃范围内，并保温一段时间；而焊后热处理则是加热到 300～400℃温度范围内保温一段时间。两种处理的目的都是加速焊接接头中氢的扩散逸出，焊后热处理效果比低温后热更好。焊后及时后热及焊后热处理是防止焊接冷裂纹的有效措施之一，特别是对于氢致裂纹敏感性较强的低合金高强度钢厚板焊接接头，采用这一工艺不仅可以降低预热温度，减轻焊工劳动强度，而且还可以采用较低的焊接热输入使焊接接头获得良好的综合力学性能。

三、耐热钢焊接性

低合金耐热钢的焊接包括焊接方法的选择、焊前准备、焊接材料的选配、焊前预热和焊后热处理等。

1. 焊接方法的选择

原则上，凡是经过焊接工艺评定试验证实，所焊接头的性能符合相应产品技术条件要求的任何焊接方法都可用于低合金耐热钢的焊接。电力行业在耐热钢焊接结构生产中实际应用的常用焊接方法有焊条电弧焊和钨极氩弧焊。

焊条电弧焊由于具有机动、灵活、能作全位置焊的特点，在低合金耐热钢结构的焊接中应用也较为广泛。各种低合金耐热钢焊条已纳入国家标准。焊条的品种、规格和质量，除个别耐热钢种外，均已能满足我国工业生产的需要。为确保焊缝金属的韧性，降低裂纹倾向，低合金耐热钢的焊条电弧焊大都采用低氢型碱性焊条，但对于合金含量较低的耐热钢薄板，为改善工艺适应性，亦可采用高纤维素或高氧化钛酸性焊条。对低合金耐热钢而言，焊条电弧焊的缺点是建立低氢的焊接条件较困难，焊接工艺较复杂且效率低，焊条利用率不高，势必逐渐被低氢、高效的焊接方法，如熔化极气体保护焊所取代。

钨极氩弧焊具有低氢、工艺适应性强、易于实现单面焊双面成形的特点，多半用于低合金耐热钢管道的封底层焊道或小直径薄壁管的焊接。这种方法的另一个优点是可采用抗回火脆性能力较强的低硅焊丝，提高焊缝金属的纯度，这对于要求高韧性的耐热钢焊接结构具有重要的意义。钨极氩弧焊的固有缺点是效率低，曾一度限制其应用范围。已开发成功的热丝钨极氩弧焊熔敷率接近相同直径焊丝的熔化极气体保护焊，应用范围逐渐扩大。

2. 焊前准备

焊前准备的内容主要是接缝边缘的切割下料、坡口加工、热切割边缘和坡口面的清理以及焊接材料的预处理。

对于一般的低合金耐热钢焊件，可以采用各种热切割法下料。热切割或电弧气刨快速加热和冷却引起的热切割母材边缘组织的变化与焊接热影响区相似，但热收缩应力要低得多。虽然如此，但厚度超过 50mm 的铬钼钢热切割边缘硬度仍可达到 440HV 以上，如在后续加工之前对这种高硬度热切割边缘不加处理，很可能成为焊件冷态卷制和冲压过程中的开裂源。

为防止厚板热切割边缘的开裂，应采取下列工艺措施：

（1）对于所有厚度的 12Cr2Mo1R 钢板和 15mm 以上的 14Cr1MoR 钢板热切割前应将割口边缘预热至 150℃以上。热切割边缘应作机械加工并用磁粉检测是否存在表面裂纹。

（2）对于 15mm 以下的 14Cr1MoR 钢板和 15mm 以上的 15CrMoR 钢板热切割前应预热 100℃以上。热切割边缘应作机械加工并用磁粉检测是否存在表面裂纹。

（3）对于 15mm 以下的 15CrMoR 钢板热切割前不必预热。热切割边缘最好作机械加工，去除热影响区。热切割边缘如直接进行焊接，焊前必须将热切割熔渣和氧化皮清理干净。切割面缺口应用砂轮修磨圆滑过渡，机械加工的边缘或坡口面焊前应清除油迹等污物。对焊缝质量要求较高的焊件，焊前最好用丙酮擦净坡口表面。

焊接材料在使用前应作适当的预处理。埋弧焊用光焊丝，应将表面的防锈油清除干净。镀铜焊丝亦应将表面积尘和污垢仔细清除。

3. 焊接材料的选配

低合金耐热钢焊接材料的选配原则是焊缝金属的合金成分与强度性能应基本符合母材标准规定的下限值或应达到产品技术条件规定的最低性能指标。如焊件焊后需经退火、正火或热成形，则应选择合金成分和强度级别较高的焊接材料。为提高焊缝金属的抗裂性，通常焊接材料中的碳含量应低于母材的碳含量。

4. 焊前预热和焊后热处理

焊前预热是防止低合金耐热钢焊接接头冷裂纹和再热裂纹的有效措施之一。预热温度主要依据钢的碳当量、接头的拘束度和焊缝金属的氢含量来决定。对于低合金耐热钢，预热温度并非越高越好，例如对于 w（Cr）大于 2%的铬钼钢，为防止氢致裂纹的产生，规定较高的预热温度是必要的，但不应高于马氏体转变结束点 M_f 的温度，否则当焊件作最终焊后热处理时，会使奥氏体不发生转变。除非焊件的冷却过程加以严格控制，不然，这部分残留奥氏体就可能转变成马氏体组织，而失去了焊后热处理对马氏体组织的回火作用。在焊接中小型焊件时，如采用电加热器预热和焊后热处理，焊接工艺的实施不会发生任何困难。但在大型焊件焊接中，如使用火焰预热焊件且焊后需进炉热处理，则从焊接结束到装炉这段时间内，接头产生裂纹的危险性较大。为防止焊件在焊后热处理之前产生裂纹，最简单而可靠的措施是将接头作 2～3h 的低温后热处理。后热处理的温度按钢种和壁厚而定，一般在 250～300℃之间。大型焊件的局部预热应注意保证预热区的宽度大于所焊壁厚的 4 倍，至少不小于 150mm，且预热区内外表面均应达到规定的预热温度。在厚壁焊件的焊接过程中，应使内外表面预热温度基本保持一致，这往往成为焊接成败的关键。对于重要的焊接结构预热温度应采用测量精度符合技术要求的表面温度计测量并做好记录。

低合金耐热钢焊件可按对钢和接头性能的要求，作以下处理：

（1）不作焊后热处理。

（2）580～760℃温度范围内的回火或消除应力热处理。

（3）正火处理。

对于某些合金成分较低，壁厚较薄的低合金耐热钢接头，如焊前采取预热，使用低氢低碳级焊接材料，且经焊接工艺试验证实接头具有足够的塑性和韧性，则焊件容许在焊后不作热处理。在遵守必要的附加条件下，各国压力容器和管道制造法规对一些常用低合金耐热钢规定了省略焊后热处理的厚度界限。因此在拟定耐热钢接头的焊后热处理工艺参数时，应综合考虑下列冶金和工艺特点：

（1）焊后热处理应保证焊缝热影响区，主要是过热区组织的改善。

（2）加热温度应保证接头的 I 类应力降低到尽可能低的水平。

（3）焊后热处理，包括多次的热处理不应使母材和焊接接头各项力学性能降低到产品技术条件规定的最低值以下。

（4）焊后热处理应尽量避免在所处理钢材回火脆性敏感的或对再热裂纹敏感的温度范围内进行，并应规定在危险的温度范围内加热和冷却的速度。

5. 焊接工艺规程

低合金耐热钢焊接工艺规程的基本内容为确定坡口形式及尺寸、焊前准备要求、焊前预热温度和层间温度、焊接材料牌号或型号和规格、焊接电参数、焊后热处理参数、焊接顺序及操作技术、接头焊后检查及合格标准等。

对于重要的钢结构、锅炉、压力容器和管道等高温高压焊接部件，应按每种焊接接头编制焊接工艺规程并按相应的焊接工艺评定标准，通过试验评定其合理性和正确性。只有焊接工艺评定合格的焊接工艺规程才能用于指导实际焊接生产。

四、不锈钢焊接性

不锈钢指耐空气、蒸汽、水等弱腐蚀介质和酸、碱、盐等化学侵蚀性介质腐蚀的钢，又称不锈耐酸钢。不锈钢的耐蚀性随含碳量的增加而降低，因此大多数不锈钢的含碳量均较低，质量分数最大不超过 1.2%。不锈钢中的主要合金元素是 Cr，只有当 Cr 含量达到一定值时，钢才有耐蚀性，因此不锈钢中 Cr 的质量分数至少为 12%。此时，钢的表面能迅速形成致密的 Cr_2O_3 氧化膜，使钢的电极电位和在氧化性介质中的耐蚀性发生突变性提高。在非氧化性介质 H_2SO_4 中，Cr 的作用并不明显。除了 Cr 外，不锈钢中还需加入能使钢钝化的 Ni、Mo 等其他元素。

不锈钢按照组织类型可分为五类，即马氏体不锈钢、铁素体不锈钢、奥氏体不锈钢、双相不锈钢和沉淀硬化不锈钢，其中马氏体不锈钢、铁素体不锈钢、奥氏体不锈钢三类不锈钢是电力常用钢材类型。

1. 马氏体不锈钢焊接性

对于马氏体不锈钢，当采用同材质焊条进行焊条电弧焊时，为了降低冷裂敏感性，保证焊接接头的力学性能，特别是接头的塑韧性，应选择低氢或超低氢、并经高温烘干的焊条，同时还应采取如下工艺措施：

（1）预热与后热。

预热温度一般在 100～350℃，预热温度主要随碳含量的增加而提高，当 $w(C)<0.05\%$时，预热温度为100～150℃；当$w(C)$为0.05%～0.15%时，预热温度为200～250℃；当 $w(C)>0.15\%$时，预热温度为 300～350℃。为了进一步防止氢致裂纹，对于含碳量较高或拘束度大的焊接接头，在焊后热处理前，还应采取必要的后热措施，以防止焊接氢致裂纹的发生。

（2）焊后热处理。

焊后热处理可以显著降低焊缝与热影响区的硬度，改善其塑韧性，同时可消除或降低焊接残余应力。根据不同的需要，焊后热处理有回火和完全退火。为了得到低硬度，如为了焊后的机械加工，采用完全退火，退火温度一般在 830～880℃，保温 2h后随炉冷却至 595℃，然后空冷。回火温度的选择主要根据对接接头力学性能和耐蚀性的要求确定，回火温度不应超过母材的 A_c 温度以防止发生奥氏体转变，回火温度一般在 650～750℃之间，保温时间不低于 1h，然后空冷。高温回火时析出较多的碳化物，对接头的耐蚀性能不利，因此对于耐蚀性能要求较高的焊接件，应采用温度较低的回火温度。

2. 铁素体不锈钢焊接性

对于普通铁素体不锈钢，可采用焊条电弧焊、气体保护焊、埋弧焊、等离子弧焊等熔焊工艺方法。该类钢在焊接热循环的作用下，热影响区的晶粒长大严重，碳、氮化物在晶界聚集，焊接接头的塑韧性很低，在拘束度较大时，容易产生焊接裂纹，接头的耐蚀性也严重恶化。为了防止焊接裂纹，改善接头的塑韧性和耐蚀性，在采用同材质熔焊工艺时，可采取下列工艺措施：

（1）采取预热措施，在 100～150℃左右预热，使母材在富有塑韧性的状态焊接，含铬量越高，预热温度也应有所提高。

（2）采用较小的热输入，焊接过程中不摆动、不连续施焊。多层多道焊时控制层间温度在 150℃以上，但也不可过高，以减少高温脆化和 475℃脆化。

（3）焊后进行 750～800℃的退火热处理，由于在退火过程中铬重新均匀化，碳、氮化物球化，晶间敏化消除，焊接接头的塑韧性也有一定的改善。退火后应快速冷却，以防止 σ 相产生和 475℃脆化。

3. 奥氏体不锈钢焊接性

奥氏体不锈钢具有优良的焊接性，几乎所有的熔焊方法都可用于奥氏体不锈钢的焊接，许多特种焊接方法，如电阻点焊、缝焊、闪光焊、激光与电子束焊接、钎焊都可用于奥氏体不锈钢的焊接。但对于组织性能不同的奥氏体不锈钢，应根据具体的焊接性与接头使用性能的要求，合理选择最佳的焊接方法。其中，焊条电弧焊、钨极氩弧焊、熔化极惰性气体保护焊、埋弧焊是较为经济的焊接方法。

焊条电弧焊具有适应各种焊接位置与不同板厚的优点，但焊接效率较低。埋弧焊焊接效率高，适合于中厚板的平焊，由于埋弧焊热输入大、熔深大，应注意防止焊缝中心区热裂纹的产生和热影响区耐蚀性的降低。特别是焊丝与焊剂的组合对焊接性与焊接接头的综合性能有直接的影响。钨极氩弧焊具有热输入小、焊接质量优的特点，特别适合于薄板与薄壁管件的焊接。熔化极惰性气体保护焊是高效优质的焊接方法，对于中厚板采用射流过渡焊接，对于薄板采用短路过渡焊接。对于 10～12mm 以下的奥氏体不锈钢，等离子弧焊接是一种高效、经济的焊接方法，采用微束等离子弧焊接时，焊接件的厚度可小于 0.5mm。激光焊接是一种焊接速度很高的优质焊接方法。由于奥氏体不锈钢具有很高的能量吸收率，激光焊接的熔化效率也很高，大大减轻了不锈钢焊接时的过热现象和由于线胀系数大引起的较大焊接变形。当采用小功率激光焊接薄板时，接头成型非常美观，焊接变形非常小，达到了精密焊接成型的水平。

（1）奥氏体不锈钢一般不需预热及后热，如没有应力腐蚀或结构尺寸稳定性等特别要求时，也不需要焊后热处理，但为了防止焊接热裂纹的发生和热影响区的晶粒长大以及碳化物析出，保证焊接接头的塑韧性与耐蚀性，应控制较低的层间温度。

（2）焊接坡口形式与尺寸。奥氏体不锈钢焊条电弧焊、钨极氩弧焊、熔化极惰性气体保护焊对接焊的坡口形式与尺寸均不同，实际应用时应根据焊接方法选择对应的坡口形式与尺寸。

（3）焊接参数。与普通奥氏体不锈钢焊条电弧焊、钨极氩弧焊、熔化极惰性气体保护焊对接焊和角接焊缝的典型焊接参数不同，纯奥氏体与超级奥氏体不锈钢焊接时，由于热裂纹敏感性较大，因此应严格控制焊接热输入，防止焊缝晶粒严重长大与焊接热裂纹的发生。

第二节　电力典型钢材化学成分及力学性能

电力典型钢材化学成分及常温力学性能见表 4－1、表 4－2。

表 4－1 电力典型钢材化学成分

钢号	C	Si	Mn	Cr	Mo	V	Ni	N	W	Al	Nb（Cb）	S	P	B	备注
20G	0.17～0.23	0.17～0.37	0.35～0.65									≤0.015	≤0.025		
15Mo3	0.12～0.20	0.15～0.35	0.50～0.70									≤0.015	≤0.025		
Q345R	0.12～0.22	0.20～0.60	1.20～1.60									≤0.035	≤0.035		
12CrMoG	0.08～0.15	0.17～0.37	0.40～0.70	0.40～0.70	0.40～0.55							≤0.015	≤0.025		
15CrMoG	0.12～0.18	0.17～0.37	0.40～0.70	0.80～1.10	0.40～0.55							≤0.015	≤0.025		
10CrMo910	0.08～0.15	≤0.50	0.40～0.70	2.00～2.50	0.90～1.20							≤0.015	≤0.025		
12CrMoV	0.08～0.15	0.17～0.37	0.40～0.70	0.30～0.60	0.25～0.35	0.15～0.30						≤0.035	≤0.035		
12Cr1MoVG	0.08～0.15	0.17～0.37	0.40～0.70	0.90～1.20	0.25～0.35	0.15～0.30						≤0.010	≤0.025		
12Cr2MoWVTiB	0.08～0.15	0.45～0.75	0.45～0.65	1.60～2.10	0.50～0.65	0.28～0.42			0.30～0.55			≤0.015	≤0.025	0.002～0.008	
12Cr3MoVSiTiB	0.09～0.15	0.60～0.90	0.50～0.80	2.50～3.00	1.00～1.20	0.25～0.35						≤0.015	≤0.025	0.005～0.011	Ti：0.22～0.38
T23	0.04～0.10	≤0.50	0.10～0.60	1.90～2.60	0.05～0.30	0.20～0.30		≤0.03	1.45～1.75	≤0.03	0.02～0.08	≤0.010	≤0.030	0.0005～0.0060	
X20CrMoV121	0.17～0.23	≤0.50	≤1.00	10.0～12.5	0.80～1.20	0.20～0.35	0.30～0.80					≤0.030	≤0.030		

续表

钢号	C	Si	Mn	Cr	Mo	V	Ni	N	W	Al	Nb（Cb）	S	P	B	备注
T91/P91	0.08～0.12	0.20～0.50	0.30～0.60	8.00～9.50	0.85～1.05	0.18～0.25	≤0.4	0.03～0.07		≤0.04	0.06～0.10	≤0.020	≤0.010		
E911	0.09～0.13	0.10～0.50	0.30～0.60	8.50～9.50	0.9～1.1	0.18～0.25	0.1～0.4	0.04～0.09	0.9～1.1	≤0.04	0.06～0.10	≤0.010	≤0.020		
T92/P92	0.07～0.13	≤0.50	0.30～0.60	8.50～9.50	0.3～0.6	0.15～0.25	≤0.04	0.03～0.07	1.5～2.0	≤0.04	0.04～0.09	≤0.010	≤0.020	0.001～0.006	
12Cr13	0.08～0.15	1.00	1.00	11.50～13.50			（0.60）					≤0.030	≤0.040		
10Cr17	0.12	1.00	1.25	16.00～18.00			（0.60）					≤0.030	≤0.040		
TP304H	≤0.08	≤0.75	≤2.00	18.00～20.00			8.00～11.00					≤0.030	≤0.040		
TP347H	0.04～0.10	≤0.75	≤2.00	17.00～20.00			9.00～13.00				10×C～1.0	≤0.030	≤0.040		
Super304H	0.07～0.13	≤0.30	≤1.00	17.00～19.00			7.50～10.50	0.05～0.12			0.30～0.60	≤0.030	≤0.040		Cu：2.50～3.50
HR3C	0.10	1.50	2.00	23.00～27.00			17.00～23.00	0.15～0.35			0.20～0.60	≤0.030	≤0.030		

表 4-2　　电力典型钢材化学成分常温力学性能

钢号	标准号	R_e（MPa）	R_m（MPa）	A（%）	A_{KV}（J）	HB	分类号 DL/T 868—2014
20G	GB 5310—2008	＞245	410～550	＞24 纵向	＞40 纵向	130～179	A－Ⅰ
15Mo3	DIN 17155/2	265～274	431～519			125～153	B－Ⅰ
Q345R	GB 713—2014	≥345	510～640	≥21	≥41		
12CrMoG	GB 5310—2017	＞205	410～560	＞21（纵向）	＞40（纵向）	120～170	B－Ⅰ
15CrMoG	GB 5310—2017	＞295	440～640	＞21（纵向）	＞40（纵向）	125～170	B－Ⅰ
10CrMo910	DIN 17175	269～280	450～600	21		125～179	B－Ⅰ
12CrMoV	GB 3077—1999	225	440	22		≤179	B－Ⅰ
12Cr1MoVG	GB 5310—2017	＞255	470～640	＞21（纵向）	＞40（纵向）	135～195	B－Ⅰ
12Cr2MoWVTiB	GB 5310—2017	＞345	540～735	＞18（纵向）	＞40（纵向）	160～220	B－Ⅱ
12Cr3MoVSiTiB	GB 5310—2017	＞440	610～805	＞16（纵向）	＞40（纵向）	180～250	B－Ⅱ
T23	ASTM A213	≥400	≥510	≥20		150～220	B－Ⅱ
X20CrMoV121	DIN 17175	≥490	690～840	≥17（纵向）	34	143～207	B－Ⅲ
T91/P91	ASTM A213	≥415	≥585	≥20		180～250	B－Ⅲ
E911	德国企业标准	≥450	620～850	≥17	≥68	180～250	B－Ⅲ
T92/P92	ASME	≥440	≥620	≥20		≤250	B－Ⅲ
12Cr13	GB/T 1220—2007	345	540	22	55	159	C－Ⅰ
10Cr17	GB/T 1220—2007	205	450	22	50	183	C－Ⅱ
TP304H	ASME	≥205	≥515	纵向≥35		140～192	C－Ⅲ
TP347H	ASME A213—1992	≥205	≥515	纵向≥35		140～192	C－Ⅲ
Super304H	日本住友公司企业标准	≥205	≥550	≥35		≤192	C－Ⅲ
HR3C	日本住友公司企业标准	≥294	≥657	≥30			C－Ⅲ

第三节　电力典型钢材特性及主要应用范围

电力典型钢材特性及主要应用范围见表 4-3。

表 4-3　　电力典型钢材特性及主要应用范围

钢号	特性	主要应用范围	类似钢号		
20G	20G钢为优质碳素结构钢。该钢塑性、韧性及焊接性能良好，在530℃以下具有良好的抗氧化性能，但在470～480℃高温下长期运行过程中，会发生珠光体球化和石墨化。当HB=137～174时，相对加工性为65%。该钢无回火脆性	壁温≤425℃的蒸汽管道、集箱；壁温≤450℃的受热面管子及省煤器管等	美国 德国 日本 苏联 捷克斯洛伐克	ASME DIN 17175—1979 JIS G 3461—1984 Ty 14-3-460—1975 CSN 412022—1976	SA-210 St45.8/Ⅲ STB42 20 12022
15Mo3	15Mo3钢属于低合金热强钢，其热强性和腐蚀稳定性优于碳素钢，而工艺性能仍与碳素钢大致相同。存在的主要问题是，在500～550℃长期运行时，有产生珠光体球化和石墨化的倾向，随其发展会导致钢的端乘强度和持久强度降低，甚至会导致钢管的脆性断裂	壁温≤500℃的蒸汽管道；壁温≤530℃的受热面管子及省煤器管等	中国 美国 罗马尼亚 日本	GB 5310—2023 ASME A209—1983 ASME A335—1981a STAS 8184—1987 JIS G 3462—1984	15MoG T1 P1 16Mo3 STBA12
Q345R	Q345R（16Mng）钢是屈服强度为343MPa级的锅炉锅筒用钢，有良好的综合力学性能、使用性能和工艺性能。它与16MnCu、16MnRe的主要力学性能相近，与16MnR钢可以相互代替使用	壁温≤450℃的受热面管	美国 德国 日本	SA738 DIN 17155 JIS G 3115	Gr.70 19Mn6 SPV355
12CrMoG	12CrMoG钢是通用的0.5%Cr-0.5%Mo低合金热强钢。与0.5%Mo钢相比，由于钢中含0.5%Cr，提高了碳化物的稳定性，有效地阻止了石墨化倾向，并使钢的热强性提高而又不影响其他工艺性能。该钢在480～540℃下具有足够的热强性和运行可靠性，长期运行后，在室温和工作温度条件下的力学性能仍然足够高，显微组织变化不大，碳化物成分变化不太明显，表现出良好的组织稳定性	壁温≤510℃的蒸汽管道；壁温≤540℃的受热面管子	美国 苏联	ASTM A213—1983 ASTM A335—1981a ЧМТУ 2580—1954	T2 P2 12MX
15CrMoG	15CrMoG钢是世界各国广泛应用的铬钼钢。该钢具有良好的工艺性能、焊接性较高的热强性能。在工作温度为500～550℃下长期运行时无石墨化倾向，但会产珠光体球化、合金元素从铁素体向碳化物中转移并发生碳化物类型转变的现象，从而导致强度和热强性能降低。当工作温度超过550℃时，其抗氧化性能变差，热强性能显著下降。该钢在450℃时的抗松弛性能良好	壁温≤510℃的蒸汽管道、集箱；壁温≤540℃的受热面管子	美国 德国 日本 苏联	ASTM A213—1983 DIN 17175—1979 JIS G 3462—1978 Ty 14-3-460—1975	T12 STBA22 13CrMo44 15CrMo
10CrMo910	10CrMo910钢是德国的钢种，属于2.25Cr-1Mo低合金耐热钢，长期在高温下运行，将会出现碳化物从铁素体基体中析出并聚集长大的现象。500℃的蠕变试验结果表明，在蠕变第一阶段结束时，总伸长率为0.2%；550℃及其以上温度时，总伸长率约为1%～2%	壁温≤580℃的过热器管、再热器管；壁温≤540℃的蒸汽管道、集箱	美国 中国 日本 罗马尼亚	ASTM A213—1983 ASTM A335—1981a GB 5310—2023 JIS G 3458—1978 JIS G 3462—1978 STAS 8184—1987	T22 P22 12Cr2Mo STPA24 STBA24 12MoCr22

续表

钢号	特性	主要应用范围	类似钢号		
12CrMoV	12CrMoV 钢是在铬钼钢中加入少量的钒，从而可阻止钢在高温下长期使用过程中合金元素钼向碳化物中的转移，提高钢的组织稳定性和热强性，与 12Cr1MoVG 相比，钢中的含铬量较低、但在 550℃以下对力学性能和热强性能影响不大，而在高于 550℃时其性能低于 12Cr1MoVG	壁温≤570℃的过热器及壁温≤540℃的蒸汽管道	德国 苏联	DIN 17175－1979 ГОСТ 4543－1957	14MoV63 12ХМФ
12Cr1MoVG	12Cr1MoVG 钢属于珠光体低合金热强钢，由于钢中加入了少量的钒，从而可以降低合金元素（如铬，钼）由铁素体向碳化物中转移的速度，弥散分布的钒的碳化物可以强化铁素体基体。该钢在 580℃时仍具有高的热强性和抗氧化性能，并具有高的持久塑性，工艺性能和焊接性能较好，但对热处理规范的敏感性较大，常出现冲击韧性不均匀的现象。在 500～700℃回火时，具有回火脆性现象；长期在高温下运行，会出现珠光体球化及合金元素向碳化物转移的现象，使热强性能下降	壁温≤570℃的受热面管；壁温≤555℃的集箱和蒸汽管道	罗马尼亚 苏联	STAS 8184—1987 ГОСТ 5520—1979	12VMoCr10 12Х1МФ
12Cr2MoWVTiB	12Cr2MoWVTiB 钢属于贝氏体低合金热强钢，是我国研制成功的钢种。主要采用钨钼复合固溶强化、钒钛复合弥散强化和微量硼的强化，使该钢具有优良的综合力学性能、工艺性能和相当高的持久强度，抗氧化性能较好，组织稳定性好。可用于代替高合金奥氏体铬镍钢	壁温≤600℃的过热器管和再热器管	苏联	ТУ 14－3－460—1975	12Х2МФСР
12Cr3MoVSiTiB	12Cr3MoVSiTiB 钢属于贝氏体低合金热强钢，是我国研制的多元低合金耐热钢。在 600℃下，有足够高的持久强度和抗氧化性能，无热脆倾向，组织稳定性好。回火后冷却速度对钢的性能无明显影响，但回火温度超过 710℃以后，持久强度将明显下降。为保证该钢有较好的高温性能，回火温度不宜太高	壁温≤600℃的过热器管和再热器管			
T23	T23 贝氏体耐热钢（简称 T23 钢）是日本住友公司在 20 世纪 80 年代开发研制的一种新型低合金高强度耐热钢，日本牌号为 HCM2S。它是在 2.25Cr－1Mo（T22）钢的基础上，参照我国研制的钢 102 的合金化原理，用 W 部分代替 Mo，并降低 C 的含量，同时在钢中加入少量的 Nb、V、B；该钢种采用多元复合强化，持久强度大幅提高，在 550～625℃范围内，许用应力大约是 2.25Cr－1Mo 钢的 1.8 倍，几乎与 T91 相媲美	壁温≤580℃的过热器管和再热器管	日本	JIS	HCM2S

续表

钢号	特性	主要应用范围	类似钢号
X20CrMoV121	X20CrMoV121 钢是德国 12%Cr 型马氏体热强钢，德国曼内斯曼钢管厂牌号为 F12。由于钢中添加有 Mo、V 和 Ni 等合金元素，使钢具有较高的抗氧化性能，在空气和介质中的抗氧化能力可达 700℃。该钢的组织稳定性能良好，但钢的热强性能低于π11 和钢 102，工艺性能和焊接性能较差。钢中加入 0.40%～0.60%的钨即成为 X20CrMoWV121（F11）钢，德国曼内斯曼钢管厂牌号为 F11，其制造工艺和推荐的性能数据与 F12 相同	壁温 540～560℃的集箱和蒸汽管道，以及壁温达 610℃的过热器管和壁温达 650℃的再热器管	苏联 ГОСТ 5520—1979 1X12B2MФ 瑞典 SANDVIK HT9
T91/P91	T91/P91 钢属于改良型的 9Cr-1Mo 高强度马氏体耐热强钢。是美国在 T9 的基础上，通过降低碳含量，添加合金元素 V 和 Nb，控制 N 和 Al 含量，使钢不仅具有高的抗氧化性能和抗高温蒸汽腐蚀性能，而且还具有良好的冲击韧性和高且稳定的持久塑性及热强性能。在使用温度低于 620℃时，该钢的许用应力高于奥氏体耐热钢，特别是与奥氏体耐热钢的异种钢焊接接头，其热强性能可达到本身同种钢管焊接接头的性能水平。该钢还具有优良的热导率和较小的线膨胀系数	用于亚临界、超临界压力锅炉壁温达 650℃的过热管和再热管，壁温为 600℃以下的集箱和管道	中国 GB 5310—2023 10Cr9MolVNb 德国 DIN 17175
E911	E911（T911/P911）钢是由欧洲 COST 项目研究开发的。是在 T91/P91 钢的基础上加入 0.9%～1.1%W 而形成的。它耐蚀性和抗氧化性与 T91/P91 钢相同，但高温强度和蠕变性能却优于 T91/P91 钢。与新型奥氏体耐热钢 TP347H 相比，价格低、热膨胀系数小、热导率高和抗疲劳性能强，焊接性及加工性好	壁温≤625℃的过热器管和再热器管	
T92/P92	T92/P92 是由日本新日铁公司在 T91/P91 合金成分的基础上通过加入 1.75%的 W 取代部分 Mo，用钒、铌元素微合金化并控制硼和氮元素含量的铁素体类耐热钢（9%Cr，1.75%W，0.5%Mo），比其他铁素体类耐热钢具有更强的高温强度和蠕变性能，它的抗腐蚀性和抗氧化性能等同于其他含 9%Cr 的铁素体类耐热钢。由于它具有较高的蠕变性能，可以减轻锅炉管道部件的重量，因此目前国内超超临界机组普遍选择 P92 作为主蒸汽管道和再热热段用管道材料。它的抗热疲劳性能强于奥氏体耐热钢。热导率和膨胀系数远优于奥氏体耐热钢	适用于蒸汽温度为 580～600℃的锅炉过热器和再热器管子（金属最高壁温 600～620℃），P92 钢适用于蒸汽温度不超过 625℃的管道和集箱	

续表

钢号	特性	主要应用范围	类似钢号
12Cr13	12Cr13 钢为马氏体型不锈钢，淬透性好，一般经油淬或空冷后即可得到马氏体组织。它还有较高的硬度、韧性、较好的耐腐性、热强性和冷变形性能，减振性也很好	汽轮机叶片	
10Cr17	10Cr17 钢是典型的铁素体不锈钢。具有耐蚀性、力学性能和热导率高的特点	汽轮机叶片、硝酸、硝铵的化工设备，如吸收塔、热交换器、贮槽	
TP304H	TP304H 钢属于 18－8 型铬镍奥氏体耐热钢，具有良好的弯管、焊接工艺性能，高的持久强度、良好的耐腐蚀性能和组织稳定性，冷变形能力非常高，该钢的最高使用温度可达 650℃，抗氧化温度最高可达 850℃	大型锅炉的再热器管、过热器管及蒸汽管道。用于锅炉管的允许 SUS 抗氧化温度为 705℃	中国 GB 5310—2023 1Cr19Ni9 美国 ASTM A213 TP304H 日本 JIS G 4303—1981 SUS 304
TP347H	TP347H 钢是使用铌稳定的铬镍奥氏体耐热钢。具有较高的热强性和抗精晶间腐蚀性性能，在碱和很多酸中、海水中都有很好的耐腐蚀性，抗氧化性能好，具有良好的弯管和焊接性能以及好的组织稳定性	大型锅炉的再热器管、过热器管及蒸汽管道。用于锅炉管的允许抗氧化温度为 705℃	中国 GB 5310—2023 1Cr19Ni11Nb 美国 ASTM A213—1992 TP347 日本 JIS G 43463—1988 SUS 347TB 日本 JIS G 43459—1988 SUS 347TP
Super304H	Super304H（18Cr－9Ni－3Cu－Nb－N）奥氏体耐热钢，是日本住友金属株式会社和三菱重工在 ASME SA213 TP304H 奥氏体耐热钢的基础上开发成功的一种经济型奥氏体耐热钢，是 TP304H 钢的改进型。为提高蠕变断裂强度加入了 3%左右的 Cu，即在蠕变中 Cu 富集相在奥氏体基体中微细分散共格析出，大幅度提高了材料的蠕变断裂强度。通过复合加入 Nb、N 元素达到进一步提高材料的高温强度和持久性能	用于超（超）临界机组参数锅炉的过热器、再热器管	美国 ASTM A－213M S30432
HR3C	HR3C 钢是日本住友公司在 TP310 基础上通过复合添加 Nb、N 合金元素研制出的一种新型奥氏体耐热钢。利用钢中析出微细的 CrNb 化合物和 Nb 的碳氮化物以及 M23C6，来对钢进行强化，使钢具有较高的高温强度，综合性能较其他 TP300 系列奥氏体耐热钢优良。由于铬含量高，因此 HR3C 钢的抗氧化和抗高温腐蚀性能优于 18－8 型耐热钢，与具有相同含量的 310 耐热钢类似，是超超临界参数锅炉和高硫燃煤锅炉的首选材料之一	用于超（超）临界机组参数锅炉受热面管子	

第四节　电力典型钢材焊接工艺

电力典型钢材焊接工艺见表 4－4。

表 4－4　　电力典型钢材焊接工艺

<table>
<tr><th>钢号</th><th>焊接方法</th><th>焊接材料（规格）</th><th>焊接电流（A）</th><th>焊接电源</th><th>焊前预热</th><th>焊后热处理</th></tr>
<tr><td rowspan="4">20G</td><td>GTAW</td><td>TIG－J50（φ2.5）</td><td>90～110</td><td rowspan="2">直流正接</td><td rowspan="4">对于小管径、薄壁的受热面管子，可以不预热。但当环境温度较低或焊件厚度较大时，可以适当预热到 150～200℃</td><td rowspan="4">对s于壁厚大于30mm的管道、管件或壁厚大于 32mm 的碳素钢容器，焊后应以 580～620℃的热处理</td></tr>
<tr><td rowspan="3">GTAW＋SMAW</td><td>TIG－J50（φ2.5）</td><td>90～110</td></tr>
<tr><td>J507（φ3.2）</td><td>120～140</td><td rowspan="2">直流反接</td></tr>
<tr><td>J507（φ4.0）</td><td>130～150</td></tr>
<tr><td rowspan="4">15Mo3</td><td>GTAW</td><td>TIG－R10（φ2.5）</td><td>90～110</td><td rowspan="2">直流正接</td><td rowspan="4">对于小管径、薄壁管，焊前一般不需要预热。对于壁厚较大的管道、管件或者联箱，焊前氩弧焊打底预热温度为 100℃，电焊填充、盖面预热到 200～250℃</td><td rowspan="4">对于壁厚不大于 10mm、直径不大于 108mm、采取焊前预热、焊后缓冷措施的焊接接头可以不做热处理。其他管道、管件焊后应做 650～700℃的热处理</td></tr>
<tr><td rowspan="3">GTAW＋SMAW</td><td>TIG－R10（φ2.5）</td><td>90～110</td></tr>
<tr><td>R107（φ3.2）</td><td>120～140</td><td rowspan="2">直流反接</td></tr>
<tr><td>R107（φ4.0）</td><td>130～150</td></tr>
<tr><td rowspan="2">Q345R</td><td rowspan="2">SMAW</td><td>J507（φ3.2）</td><td>120～140</td><td rowspan="2">直流反接</td><td rowspan="2">对于薄钢板，焊前一般不需要预热。对于厚度大于 25mm 的钢板，焊前应预热，预热温度为 100℃</td><td rowspan="2">对于薄钢板，焊后一般不做热处理。对于厚度大于 25mm 的钢板，焊后应做 600～650℃的热处理。</td></tr>
<tr><td>J507（φ4.0）</td><td>130～150</td></tr>
<tr><td rowspan="4">12CrMoG</td><td>GTAW</td><td>TIG－R30（φ2.5）</td><td>90～110</td><td rowspan="2">直流正接</td><td rowspan="4">对于小口径、薄壁管，焊前一般可不预热。对于壁厚较大（＞16mm）的管道、管件或者联箱，焊前氩弧焊打底预热温度为 100℃，电焊填充、盖面预热到 150～200℃</td><td rowspan="4">对于壁厚不大于 10mm、直径不大于 108mm、采用全氩弧焊或低氢型焊条、焊前预热、焊后缓冷的焊接接头可以不做热处理。其他管道、管件焊后应做 650～700℃的热处理</td></tr>
<tr><td rowspan="3">GTAW＋SMAW</td><td>TIG－R30（φ2.5）</td><td>90～110</td></tr>
<tr><td>R207（φ3.2）</td><td>120～140</td><td rowspan="2">直流反接</td></tr>
<tr><td>R207（φ4.0）</td><td>130～150</td></tr>
<tr><td rowspan="4">15CrMoG</td><td>GTAW</td><td>TIG－R30（φ2.5）</td><td>90～110</td><td rowspan="2">直流正接</td><td rowspan="4">对于小口径、薄壁管，焊前一般可不预热。对于壁厚较大的管道、管件或者联箱，焊前氩弧焊打底预热温度为 100℃，电焊填充、盖面预热到 150～200℃</td><td rowspan="4">对于壁厚不大于 10mm、直径不大于 108mm、未用全氩弧焊或低氢型焊条、焊前预热、焊后缓冷的焊接接头可以不做热处理。其他管道、管件焊后应做 670～700℃的热处理</td></tr>
<tr><td rowspan="3">GTAW＋SMAW</td><td>TIG－R30（φ2.5）</td><td>90～110</td></tr>
<tr><td>R307（φ3.2）</td><td>120～140</td><td rowspan="2">直流反接</td></tr>
<tr><td>R307（φ4.0）</td><td>130～150</td></tr>
</table>

续表

钢号	焊接方法	焊接材料（规格）	焊接电流（A）	焊接电源	焊前预热	焊后热处理
10CrMo910	GTAW	TIG－R40（ϕ2.5）	90～110	直流正接	对于小口径、薄壁管、全氩弧焊焊前一般预热100℃，对于壁厚较大的管道、管件或者联箱，焊前氩弧焊打底预热温度为100℃，电焊填充、盖面预热到200～300℃	焊后应做720～750℃的热处理
	GTAW＋SMAW	TIG－R40（ϕ2.5）	90～110			
		R407（ϕ3.2）	120～140	直流反接		
		R407（ϕ4.0）	130～150			
12CrMoV	GTAW	TIG－R31（ϕ2.5）	90～110	直流正接	对于小口径、薄壁管、全氩弧焊焊前一般预热100℃，对于壁厚较大的管道、管件或者联箱，焊前氩弧焊打底预热温度为100℃，电焊填充、盖面预热到200～300℃	对于12CrMoVG壁厚不大于8mm、直径不大于108mm、采用氩弧焊或低氢型焊条、焊前预热和焊后适当缓慢冷却的焊接接头可以不做热处理，其他的接头焊后应做700～720℃的热处理
	GTAW＋SMAW	TIG－R31（ϕ2.5）	90～110			
		R317（ϕ3.2）	120～140	直流反接		
		R317（ϕ4.0）	130～150			
12Cr1MoVG	GTAW	TIG－R40（ϕ2.5）	90～110	直流正接	对于小口径、薄壁管、全氩弧焊焊前一般预热100℃，对于壁厚较大的管道、管件或者联箱，焊前氩弧焊打底预热温度为100℃，电焊填充、盖面预热到200～300℃	对于12CrMoVG壁厚不大于8mm、直径不大于108mm、采用氩弧焊或低氢型焊条、焊前预热和焊后适当缓慢冷却的焊接接头可以不做热处理，其他的焊接接头焊后应做720～750℃的热处理
	GTAW＋SMAW	TIG－R40（ϕ2.5）	90～110			
		R407（ϕ3.2）	120～140	直流反接		
		R407（ϕ4.0）	130～150			
12Cr2MoWVTiB	GTAW	TIG－R34（ϕ2.5）	90～110	直流正接	对于小口径、薄壁管，全氩弧焊焊前一般可预热100℃。氩弧焊打底预热温度为100℃，电焊填充、盖面预热到200～300℃	对于壁厚不大于6mm、直径不大于63mm、采用全氩弧焊或低氢型焊条、焊前预热焊后适当缓慢冷却的焊接接头可以不做热处理，其他的焊接接头焊后应做750～770℃的热处理，保温时间按3min/mm计算
	GTAW＋SMAW	TIG－R34（ϕ2.5）	90～110			
		R347（ϕ3.2）	120～140	直流反接		
		R347（ϕ4.0）	130～150			
12Cr3MoVSiTiB	GTAW	TIG－R34（ϕ2.5）	90～110	直流正接	对于小口径、薄壁管，全氩弧焊焊前一般可预热100℃。氩弧焊打底预热温度为100℃，电焊填充、盖面预热到200～300℃	焊后热处理温度为750～770℃，保温30～45min
	GTAW＋SMAW	TIG－R34（ϕ2.5）	90～110			
		R427（ϕ3.2）	120～140	直流反接		
		R417（ϕ4.0）	130～150			

续表

钢号	焊接方法	焊接材料（规格）	焊接电流（A）	焊接电源	焊前预热	焊后热处理
T23	GTAW	TGS－2CW（ϕ2.5）	90～110	直流正接	对于壁厚小于13mm的T23小径管焊接可以不预热，大于13mm的管子焊前预热温度为150～200℃	对于小径管，如果确实需热处理，可以在720～740℃范围内加热，保温时间以至少1h计算，最少不小于30min。对于大径管，焊后缓慢冷却至20～100℃，以50～120℃/h速度加热，至750℃，保温1～4h，以100～150℃/h速度冷却
	GTAW＋SMAW	TGS－2CW（ϕ2.5）	90～110			
		CM－2CW（ϕ3.2）	120～140	直流反接		
		CM－2CW（ϕ4.0）	130～150			
X20CrMoV121	GTAW	TIG－R81（ϕ2.5）	90～110	直流正接	对于壁厚大于25mm的管道焊接，预热温度在400℃以上，对于壁厚小于25mm的管道焊接，预热温度可以适当降低到300～350℃。预热温度也不能太高，其上限温度为450℃	焊后必须冷却到80～100℃，保温0.5～1h，焊接接头焊后应做750～770℃的热处理
	GTAW＋SMAW	TIG－R81（ϕ2.5）	90～110			
		R817（ϕ3.2）	120～140	直流反接		
		R817（ϕ4.0）	130～150			
12Cr13	SMAW	E410－15（ϕ3.2）	70～120	直流反接	焊前预热250℃左右	焊后一般需要冷却到150℃左右，再进行700～830℃的热处理
		E410－15（ϕ4.0）	90～160			
		E410－16（ϕ3.2）	70～120	直流反接		
		E410－16（ϕ4.0）	90～160			
10Cr17	SMAW	G203（ϕ3.2）	110～130	直流反接	若采用G302不锈钢焊条，需预热120～200℃，若采用A207用以提高焊接接头的塑形，可不进行预热	采用G302不锈钢焊条进行焊接时，焊后一般需要进行750～800℃的热处理；采用A207不锈钢焊条进行焊接时，焊后一般不需要进行热处理
		G203（ϕ4.0）	140～150			
		A207（ϕ3.2）	100～110	直流反接		
		A207（ϕ4.0）	120～130			
T91/P91	GTAW	TGS－9cb（ϕ2.4）	90～100	直流正接	对于小口径，薄壁管，全氩弧焊焊前一般可预热150℃。氩弧焊打底预热温度为150℃，电焊填充、盖面预热到200～250℃	焊后缓慢冷却至100～120℃，以≤150℃/h速度加热，至740～760℃，保温＞4h，以≤150℃/h速度冷却
	GTAW＋SMAW	TGS－9cb（ϕ2.4）	90～100			
		CM－9cb（ϕ3.2）	120～140	直流反接		
		CM－9cb（ϕ4.0）	130～150			
E911	GTAW	Thermanit MTS911（ϕ2.4）	90～100	直流正接	对于小口径、薄壁管，全氩弧焊焊前一般可预热150℃。氩弧焊打底预热温度为150℃，电焊填充、盖面预热到250～300℃	E911钢回火温度为750～770℃。焊后应冷却到100℃左右保温，以使其完全转变为马氏体之后，再进行焊后热处理，而且焊后热处理必须尽快进行，否则易产生冷裂纹
	GTAW＋SMAW	Thermanit MTS911（ϕ2.4）	90～100			
		Thermanit MTS911（ϕ3.2）	120～140	直流反接		
		Thermanit MTS911（ϕ4.0）	130～150			

续表

钢号	焊接方法	焊接材料（规格）	焊接电流（A）	焊接电源	焊前预热	焊后热处理
T92/P92	GTAW	Thermanit MTS616（ϕ2.4）	90～100	直流正接	氩弧焊打底预热150℃，电焊填充预热到200～250℃	焊后缓慢冷却至80～100℃，以≤150℃/h速度加热，至750～770℃，保温>4h，以≤150℃/h速度冷却
T92/P92	GTAW+SMAW	Thermanit MTS616（ϕ2.4）	90～100	直流正接	氩弧焊打底预热150℃，电焊填充预热到200～250℃	焊后缓慢冷却至80～100℃，以≤150℃/h速度加热，至750～770℃，保温>4h，以≤150℃/h速度冷却
T92/P92	GTAW+SMAW	Thermanit MTS616（ϕ3.2）	120～140	直流反接	氩弧焊打底预热150℃，电焊填充预热到200～250℃	焊后缓慢冷却至80～100℃，以≤150℃/h速度加热，至750～770℃，保温>4h，以≤150℃/h速度冷却
TP304H	GTAW	H0Cr19Ni9（ϕ2.0）	80～90	直流正接	焊前不需要预热	焊接接头一般不做焊后热处理。或者将焊接接头做固溶处理，即加热到1066±28℃时保温15min后快速冷却
TP304H	GTAW+SMAW	H0Cr19Ni9（ϕ2.0）	80～90	直流正接	焊前不需要预热	焊接接头一般不做焊后热处理。或者将焊接接头做固溶处理，即加热到1066±28℃时保温15min后快速冷却
TP304H	GTAW+SMAW	A102（ϕ3.2）	90～110	直流反接	焊前不需要预热	焊接接头一般不做焊后热处理。或者将焊接接头做固溶处理，即加热到1066±28℃时保温15min后快速冷却
TP304H	GTAW+SMAW	A102（ϕ4.0）	100～130	直流反接	焊前不需要预热	焊接接头一般不做焊后热处理。或者将焊接接头做固溶处理，即加热到1066±28℃时保温15min后快速冷却
TP347H	GTAW	18-8Ti（ϕ2.0）	80～90	直流正接	焊前不需要预热	焊接接头一般不做焊后热处理。或者将焊接接头做固溶处理，即加热到1177±28℃时保温30min后快速冷却
TP347H	GTAW+SMAW	18-8Ti（ϕ2.0）	80～90	直流正接	焊前不需要预热	焊接接头一般不做焊后热处理。或者将焊接接头做固溶处理，即加热到1177±28℃时保温30min后快速冷却
TP347H	GTAW+SMAW	A132（ϕ3.2）	90～110	直流反接	焊前不需要预热	焊接接头一般不做焊后热处理。或者将焊接接头做固溶处理，即加热到1177±28℃时保温30min后快速冷却
TP347H	GTAW+SMAW	A132（ϕ4.0）	100～130	直流反接	焊前不需要预热	焊接接头一般不做焊后热处理。或者将焊接接头做固溶处理，即加热到1177±28℃时保温30min后快速冷却
Super304H	GTAW	YT-304H（ϕ2.0）	80～90	直流正接	焊前不需要预热	焊后热不需要做热处理，或者做1120～1150℃、保温15～30min的固溶处理
HR3C	GTAW	YT-HR3C（ϕ2.4）	80～90	直流正接	焊前不需要预热	焊后一般不需进行热处理，或者进行1175℃、保温15～30min的固溶处理

第五章

电力典型铸件增材再造

电力典型铸件广泛应用到发电设备如汽轮机汽缸、蒸汽室、喷嘴室、隔板和汽水管道阀门及管道附件中。这些金属部件因制造、安装和运行的原因，常常会出现一些裂纹或孔洞。对于这些裂纹或孔洞，最经济、快捷的增材再造方法就是进行焊接。本章主要阐述了铸钢件的焊接方法、焊接材料、焊接工艺，并结合典型案例论述焊接治理效果；还阐述了铸件焊接治理的焊接特点及焊接工艺要点，供技术人员参考。

第一节 铸钢部件焊接

一、铸钢部件概述

铸钢的强度和韧性比铸铁或其他铸件都优越，焊接性也良好，因此铸钢广泛应用在电力金属部件制造中。铸钢作为部件在电站金属结构部件中比重较大，因此铸钢件的焊接、补焊治理工作量也较大。

铸钢的化学成分与轧材、锻件几乎完全相同，具有一定的力学性能，随着合金成分的增加具有相当的高温性能。在高温下工作的铸件还必须具有一定持久强度和蠕变强度、良好的抗热疲劳性能和抗氧化性。

铸钢与锻钢比较，在截面尺寸较小、形状和热处理条件相似的情况下，铸钢和锻钢的力学性能大致相似。铸钢的强度和塑性介于纵向和横向性能的变化范围之内，铸钢还有各向同性的优点。但是随着铸钢件壁厚的增加，冶金缺陷如气孔、疏松、铸态组织等对力学性能的影响要比锻件更为突出，因此厚壁铸钢件尽管强度和锻件相似，但塑性和韧性要比锻件低。对于大型铸钢件，采用正火、回火作为最终热处理时的力学性能等级比同钢号的锻件低。因此在对铸钢部件实施增材再造时要综合给予考虑。

二、铸钢件的工作条件及材料的性能要求

1. 铸钢件的工作条件

铸钢件的工作条件如下：

（1）汽轮机汽缸是一个静止的密闭容器，其作用是将蒸汽与大气隔绝，形成将汽流热能转换为机械能的封闭空间。在运行时，它主要承受转子和其他静止部件（如隔板、喷嘴室等）的部分重量作用，汽缸外部各种连接管道的作用力以及由蒸汽流出喷嘴时产生的反作用力和汽缸内外压差的作用。在机组启停和工况变化时，它还要承受由缸体各方向上的温差引起的热变形和热应力的作用。

（2）隔板是汽缸中用于固定喷嘴叶片，并形成汽轮机各级之间分隔间壁的部件。运行时要承受由蒸汽压力差产生的应力作用。

（3）蒸汽室和喷嘴室主要承受高温和内压应力的作用，随着启动和负荷变动次数的增多，可能会产生热疲劳裂纹。

（4）阀门安装于汽水管道时，用于实现汽水流动的启停和调节功能，运行中，阀门除承受介质温度和进出口高压差的作用力外，还要承受工质的冲蚀、磨损和热应力的作用。

2. 铸钢件材料的性能要求

铸钢件工作条件对制造铸钢件的材料提出以下性能要求：

（1）铸钢件形状复杂，尺寸也较大，为防止铸钢件产生缺陷，要求材料具有良好的浇注性能，即良好的流动性、小的收缩性。为此，铸钢中碳、硅、锰含量应比锻件、轧件高一些。

（2）铸钢件多在高温及复杂应力下长期工作，有时还要承受较大的温度补偿应力。因此铸钢件应具有较高的持久强度和塑性，并具有良好的组织稳定性，以免为了满足铸钢强度要求而使铸件壁厚过厚，进而导致部件结构不合理，给制造带来困难。

（3）对于有疲劳载荷作用的铸钢件（如汽缸和蒸汽室）用钢，应具有良好的抗疲劳性。钢件在运行时可能受到水击作用以及运输、安装时承受动载荷，因此应具有较强的冲击韧性。

（4）为减少铸钢件的高温蒸汽冲蚀与磨损，铸钢应具有一定的抗氧化性能和耐磨性能。

（5）铸钢件与管道的连接大部分采用焊接方式，铸钢应具有令人满意的焊接性能，选材时主要依据铸件的工作温度和钢材的最高允许使用温度进行选用。对于形状复杂的铸件（如汽缸）中产生的危害性铸造缺陷，必须彻底消除后，用补焊的方法治理。

三、铸钢部件焊接增材再造

1. 铸钢件分类及用途

汽轮机铸钢件按使用材料性质可以分为碳素钢铸件、低合金钢铸件和高合金钢铸件。汽轮机主要铸钢件材料见表 5－1。

表 5－1　　汽轮机主要铸钢件

分类	铸钢材料	部件范围
碳素钢铸件	ZG230－450	工作在 400～450℃以下的汽缸、隔板、轴承箱、阀门等
	ZG270－500	
低合金钢铸件	ZG15Cr1MoA	工作在 510℃以下的内汽缸、外汽缸、阀体、蒸汽室、喷嘴室等
	ZG15Cr2Mo1	工作在 540℃以下的汽缸、主汽阀、喷嘴室、蒸汽室等
	ZG20CrMo	工作在 510℃以下的汽缸、主汽阀、隔板等
	ZG20CrMoV	工作在 540℃以下的汽缸、蒸汽室、阀等
	ZG15Cr1Mo1V	工作在 570℃以下的汽缸、主汽阀、喷嘴室、蒸汽室、阀等
高合金钢铸件	ZG1Cr10MoVNbN	工作在 600℃以下的超临界汽轮机汽缸、主汽阀、蒸汽室、喷嘴室等
	ZG1Cr10MoWVNbN	超超临界汽轮机汽缸、阀和其他铸件

2. 焊接工艺要点

（1）焊接方法。

在焊接方法中，对于形状复杂、位置困难、中厚壁件的焊接，宜采用操作灵活、方便的手工电弧焊。为了提高效率和焊接质量在可操作的情况下采用气体保护焊和埋弧焊。对于薄壁件和打底层焊接可采用钨极氩弧焊。

（2）焊接材料。

选择与铸钢件的化学成分和力学性能相匹配的焊接材料，同时尽量降低焊材的碳、硫和磷含量，适当加入防止裂纹的化学元素。焊条电弧焊选用碱性低氢焊条，以提高焊接接头的抗裂能力和力学性能。焊条选用和预热温度见表 5－2。

表 5－2　　焊条选用和预热温度推荐表

铸件材料牌号	选用焊条[①]		预热温度（℃）	
	型号	牌号	焊接温度	气割，气刨
ZG230－450	E5016 E5015	J506 J507	[②]	—
ZG270－500			0～150[③]	[②]
ZG20CrMo	E5515－B2	R307	200～300	0～200[③]

续表

铸件材料牌号	选用焊条①		预热温度（℃）	
	型号	牌号	焊接温度	气割，气刨
ZG20CrMoV	E5515-B2-V	R317	250～300	0～250
	E5515-B2-VW	R327		
ZG15Cr1Mo1V	E5515-B2-VW	R327	300～400	200～300
	E5515-B2-VNb	R337		
ZG15Cr2Mo1	E6015-B3	R407	200～300	250～350
ZG15Cr1MoA	E5515-B2	R307	150～200	0～150
ZG0Cr13Ni4Mo	E410NiMo-15	E410NiMo	200～250	0～200
ZG1Cr10MoVNbN	—	E91	250～300	200～250

① 在设计和使用性能允许的情况下，可选用代用焊条。
② 当厚壁铸件、刚性较大、缺陷范围较广或环境温度低于 5℃时，应预热 100℃左右。
③ 当铸件壁厚较薄、较均匀、形状简单和缺陷较小时，可不预热。

（3）焊接工艺。

补焊可采用焊条电弧焊进行，选用与补焊铸钢件匹配的焊接材料，小直径焊条，小电流焊接，补焊前焊条按要求充分烘干并存放在 100～150℃的保温箱内，随用随取。在生产实践中，为保证工期和避免热处理，经常会选择镍基焊条采用冷焊的方式进行补焊。

焊接时应采用多层多道焊，层间严格清渣，防止夹渣，各道焊缝方向交替反向，使叠加应力能抵消部分。尤其重视收弧处的弧坑填满，防止产生弧坑裂纹，多层多道焊的接头应错开，根据根部间隙，不摆动或小幅度摆动进行焊接；从坡口侧向中心逐步进行，每层补焊后均要及时清除焊渣，除打底层不锤击之外，其余各层在清渣后均需进行锤击，锤击时先锤击焊道中部，后锤击焊道两侧，锤痕应紧凑整齐避免重复，用力不可过猛以免造成裂纹，每焊接一至两层，采用渗透探伤的方式检查焊道缺陷，直至焊完。焊完后打磨补焊区域表面，并平滑过渡到母材，保持焊缝表面平整光滑。

（4）焊前预热。

电力金属部件所用铸钢在实施焊接时，焊前进行预热非常重要。其主要作用是降低焊接冷却速度，防止焊接接头出现淬硬组织，改善应力状况，防止裂纹产生。预热温度根据铸钢材料的种类、铸件的结构形式和厚度确定。

碳素钢和奥氏体不锈钢铸件，当补焊部位的面积小于 65cm^2、深度小于 20%铸件厚度或不大于 25mm 时，一般不需要预热和焊后消除应力处理。否则，需要用氧-乙炔或电加热在缺陷部位边缘向外扩展 20mm 后加热至 300～350℃，并保持一定时间开始补焊。但 ZGr5Mo、ZG15Cr1Mo1V 等珠光体铸件，应作预热处理，预热温度为 200～400℃，保温时间应不少于 60min。如铸件不能整体加热，用氧－乙炔在缺陷部位充分预热后，迅速补焊。

在铸钢焊接过程中要保持层间的温度。对于大型厚壁铸件，在焊接过程中由于冷却速度快，而使预热温度降低，因此对层间温度提出了具体要求。在焊接过程中母材的焊接区域始终维持在热范围内，使焊前预热的作用得到持续保持。一般层间温度不低于预热温度，不超过预热温度 50℃。

（5）焊后后热处理。

低合金耐热铸钢从焊接结束到进行热处理之前，接头极易产生裂纹。因此，如需移动铸钢件，必须轻吊轻放且避免冲击载荷。防止焊接接头裂纹的简单而可靠的措施是将焊接接头进行后热处理。

在高于或等于层间温度的温度下保持一定的时间，这个温度与时间的选择与焊件的厚度、接头型式以及焊缝中初始含氢量和材料对氢裂纹的敏感性有关。一般在层间温度或层间温度以上 100℃，保温 2～3h 进行后热处理。后热可加速氢的扩散逸出，从而避免形成延迟裂纹。如能做到焊后及时进行热处理或轻缺陷一般不需要后热处理；重缺陷、重大缺陷应进行去应力热处理或完全再加热处理。在生产实践中，一般不具备完全再加热的条件，而是采用氧－乙炔火焰或电加热局部加热的回火方式。不锈钢铸件补焊后一般不做热处理，补焊时应保证通风，以提高补焊区域冷却速度，其他材料铸件后热需按照各自的热处理要求加热并保温。采用镍基焊材补焊的铸件可不做后热处理，但焊接工作完成后，需将补焊部位加热至 200～350℃，保持一定时间后采用保温棉将补焊部位进行覆盖，以减缓冷却速度，并让其自然冷却至室温。

对于低合金耐热钢可以焊后在预热温度下直接进行后热或者热处理，而对于 ZG1Cr10MoVNbN 等 12%Cr 钢焊接后焊缝须冷却到 150~~100℃保持 1h 以后方可进行后热或焊后热处理。

（6）焊后热处理。

对于低合金耐热钢铸钢件的焊后热处理，目的不仅是消除焊接残余应力，而且更重要的是改善组织、提高接头的综合力学性能以及降低焊缝和热影响区的硬度。当简单地按比基材回火温度低 30～50℃的消除应力温度进行焊后热处理时，经常导致接头强度和硬度偏高，而塑性尤其是韧性过低，往往造成力学性能满足不了技术要求。因此，多年来一直存在耐热钢焊后热处理温度如何确定的问题。若按焊接材料要求的回火温度进行选择则温度过高，若按消除应力要求的温度进行选择温度较低。工艺中必须考虑到各种钢材焊后热处理的目的和特殊性来综合考虑制定焊后热处理规范。最适宜的方法是在不影响原基材性能的情况下，选择在基材回火温度的上限和焊接材料回火温度的下限这一温度范围进行回火（见表5－3）。在难以满足上述情况、低于焊接材料要求的回火温度时，适当增加保温时间，来力争达到焊后回火的目的和要求。

表5－3 焊后回火温度

焊接材料		焊接铸钢材料			
焊条型号	焊后热处理	铸钢牌号	热处理回火（℃）	去机械加工应力（℃）	去焊接应力（℃）
E5515－B2	690±15℃/1h	ZG20CrMo	640～660	570～590	600～620
		ZG15Cr1MoA	670～710	630～650	640～660
E5515－B2V	730±15℃/2h	ZG20CrMoV	700～720	630～650	670～690
E5515－B2VW	730±15℃/2h	ZG15Cr1Mo1V	730～750	630～650	700～720
E5515－B2VN	730±15℃/5h				
E6015－B3	690±15℃/1h	ZG15Cr2Mo1	700～720	630～650	650～670
E11MoVNi	740±10℃/4h	ZG1Cr11MoV	680～700		
E410	745±15℃/1h	ZG1Cr13	700～720		
		ZG2Cr13	730～740		
E410NiMo	595～620℃/4h	ZG0Cr13Ni4Mo	590～600		
E91（P91）	730～760℃/5h	ZG1Cr10MoVN	690～710	710～730	≥670

（7）补焊治理注意事项。

由于铸造工艺的局限性，在铸件表面或内部一般会存在气孔、夹砂（夹渣）、缩松甚至裂纹等缺陷，铸钢件在随系统运行过程中，受温度压力变化等的影响，缺陷延展形成影响机组安全运行的隐患，通常视缺陷的严重程度对铸钢件进行更换或修复处理。

在对铸钢件进行补焊治理前，首先要进行缺陷判定：一般采取目视、着色、磁粉、涡流、超声波等检查方法确定缺陷种类、尺寸，并标识出来。球形气孔、夹砂（夹渣）注明直径；条形气孔、夹砂（夹渣）注明宽长；链条状裂纹注明长度。

铸件应按缺陷级别确定返修方案，不合格者应予报废。以阀体铸件为例，缺陷级别规定如下：

1）微缺陷：缺陷去除后壁厚大于图样壁厚的最小值，只需将缺陷表面打磨平滑，不用补焊。

2）轻缺陷：介于微缺陷和重缺陷之间的缺陷，缺陷深度大于5mm时，在缺陷清除后进行补焊。

3）重缺陷：水压试验中阀体出现渗漏者，或缺陷清除后其凹坑深度超过壁厚 20%

或 25mm（二者取小值），或焊补面积大于 $65cm^2$。

4）重大缺陷：缺陷平均深度超过壁厚 1/3 或面积超过 $100cm^2$ 时，由制造单位的主要技术负责协同使用单位技术负责人制定专项补焊工艺进行补焊，否则判废。补焊部位清理干净后，在补焊前应进行磁粉或液体渗透检测缺陷是否清除干净。

凡属下列类型的缺陷不允许补焊，应予以报废：超过规定的贯穿性裂纹、穿透性缺陷（穿底）、蜂窝状气孔、无法清除的夹砂（夹渣）或面积超过 $65cm^2$ 的缩松、所在部位无法补焊，或补焊后不能保证质量，或不能采取有效检查手段的；图样或订货合同中规定不允许补焊的缺陷等原则上不允许补焊。

能够实施补焊的缺陷经过确认，需进行缺陷清除。缺陷清除方法可以用碳弧气刨或机械进行打磨，采用碳弧气刨方式后必须严格清除气刨后的渗碳层，采用机械方法清除缺陷时，可用角向磨光机、砂轮机、扁铲等工具。一般碳钢铸件缺陷剔除，也可采用大直径碳钢焊条及大电流实施焊接，将缺陷除干净，用角磨机磨出金属光泽后进行补焊。裂纹等缺陷清除前应采取止裂措施，两端钻不小于 10mm 止裂孔，然后清除缺陷开坡口。补焊前需将缺陷清除干净，可采用渗透或磁粉探伤检验确认。

缺陷清理的同时，对焊接坡口进行设计。根据产品工件的结构、缺陷种类（裂纹、孔穴、气孔、夹砂（夹渣）等）及壁厚确定坡口形式，并用碳弧气刨或机械进行开坡口，开设 U 形或方、圆形坡口，如图 5－1 所示，$\alpha=10\sim15^\circ$，$R=6\sim10$mm。

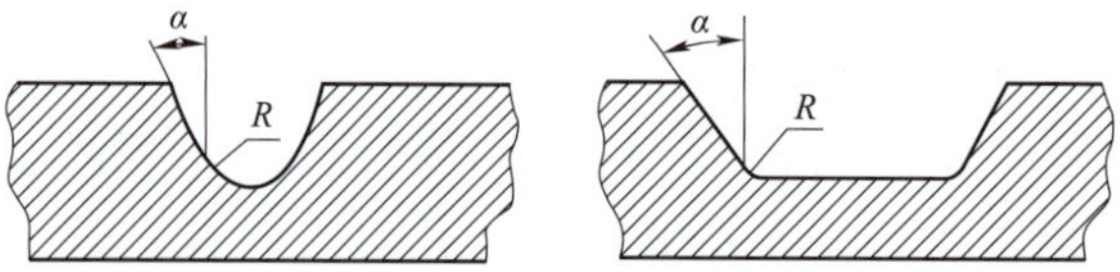

图 5－1　坡口形式

上述工作完成后，可参照焊接工艺对铸钢件缺陷实施补焊治理。

（8）焊后检查。

采用渗透或磁粉检测检查补焊部位，补焊区域不允许存在咬边、裂纹、未熔合、气孔、夹渣及低于相邻母材表面质量要求的缺陷。重缺陷补焊后，应进行有效的超声或射线检测，证明合格后方能使用，承压铸件补焊后需重新进行水压试验。

（9）其他要求。

承压铸件同一部位一般只允许补焊一次，不能重复补焊，除非铸件可以在焊后重新进行整体热处理。其他非承压铸件同一部位的补焊，一般规定不得超过 3 次。

四、铸钢部件治理工程应用

铸钢件治理中，补焊应用非常广泛。补焊一般分为冷焊和热焊两大类。常用材料及焊接工艺见表 5－4。

表 5－4　　常用材料及焊接工艺

铸件钢号	选用焊条		预热温度（℃）	焊后热处理	
	热焊	冷焊		壁厚（mm）	回火温度（℃）
ZG25	J506 J507	A407	100	＞30	600～650
ZG35	J506 J507	A307 A507	150	＞30	600～650
ZG45	J606 J607	A407 A507	150～250	＞30	600～650
ZG20CrMo	R307	A407 A412	200～300	＞10	650～700
ZG20CrMoV	R317	A407 A412 A4507	250～350	＞6	710～740
ZG15Cr1MoV	R317 R327 R337	t＜500℃　A407 A412 t＜565℃　A507	300～400	＞6	710～740

1. 冷焊

冷焊一般采用镍基焊条，不需要热处理，工艺简单、操作方便。但由于补焊为异种接头，在长期使用的过程中，特别是在一定温度下，会产生碳迁移，造成熔合线处合金元素贫化，使之再次产生裂纹。

冷焊工艺要点为：

（1）打底层焊材依据雪弗勒图选择，焊接时尽可能用小规范，以减小熔合比，避免产生马氏体组织；

（2）填充层选用与母材等强度焊材，填充层焊接层数、焊接顺序十分关键，应选用跳焊，分段退焊为佳；

（3）填充层应进行焊后跟踪锤击，降低应力，覆盖层高出母材 2～3mm；

（4）补焊后打磨平滑，作渗透探伤检验。

某发电厂 3 号机 2 号调速汽门，材质 ZG20CrMoV，裂纹处壁厚约 60mm。出厂前，厂家曾用镍基焊条补焊过。运行中沿补焊处产生多处裂纹，补焊后多次开裂。近期开裂裂纹分布见图 5－2，其尺寸为：内壁两条裂纹，长度为 52mm 和 40mm；外壁三条裂纹，长度分别为 18mm、80mm 和 10mm。外壁裂纹位于原补焊区的熔合线处。经打磨内外壁裂纹为穿透性。

采用冷焊处理，打底层焊条选用 A407（Cr25Ni20），规格为ϕ3.2；过渡层焊条选用 A507，规格为ϕ3.2；盖面层焊条选用 A407，规格为ϕ3.2。焊接预热温度为 150℃。根据汽门在处理过程中已裂透的工程实际，焊接顺序为先焊内侧打底，再从外侧施焊。

通过试验分析，原补焊处开裂的原因为：2 号调速汽门原补焊处焊缝与母材连接处有明显的增碳层，奥氏体晶界有微裂纹，见图 5－3、图 5－4。焊缝组织为单相奥氏体，

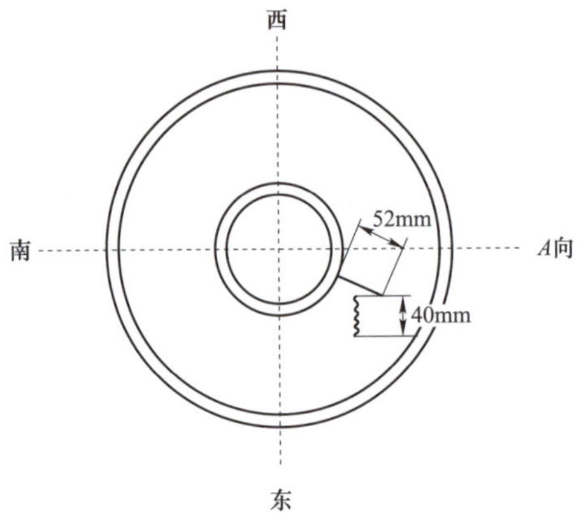

图 5-2　裂纹分布

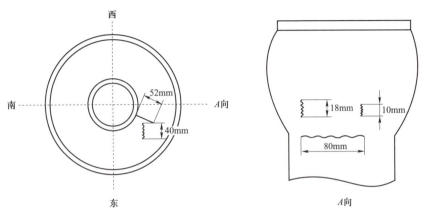

晶内为树枝状结晶，见图 5-5。图 5-6、图 5-7 为此补焊后母材热影响区与焊缝组织，热影响区为回火索氏体，焊缝为单相奥氏体，图 5-8 为两种不同的焊缝组织，A407 较易侵蚀，显示出晶界与晶内的树枝状结晶，A507 不易侵蚀，图 5-9、图 5-10 为母材组织，组织为索氏体加珠光体。2 号调速汽门原补焊处裂纹产生的原因为奥氏体晶界裂纹在热疲劳应力作用下扩展而成。

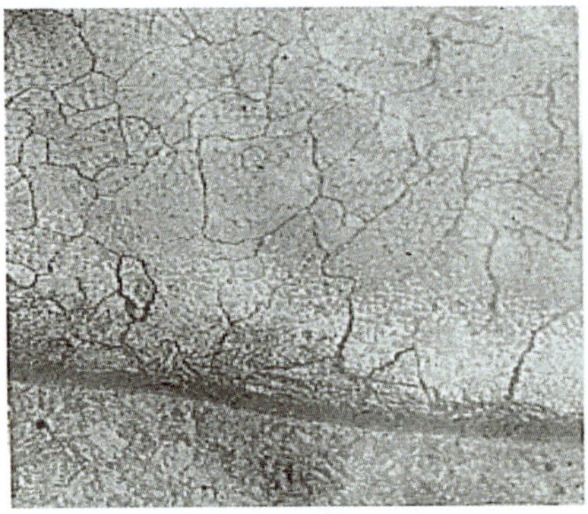

图 5-3　补焊前焊缝

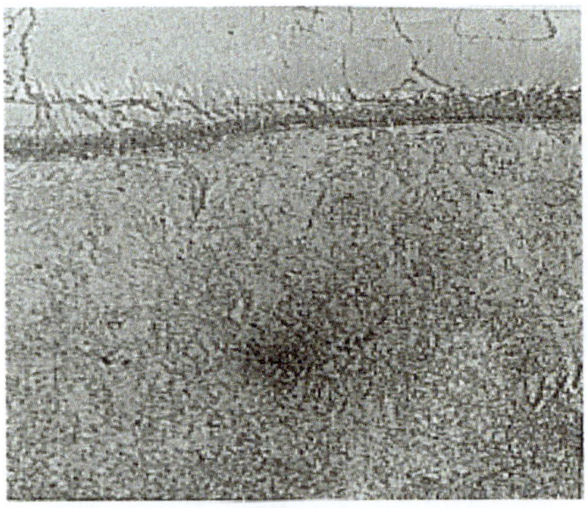

图 5-4　补焊焊缝热影响区

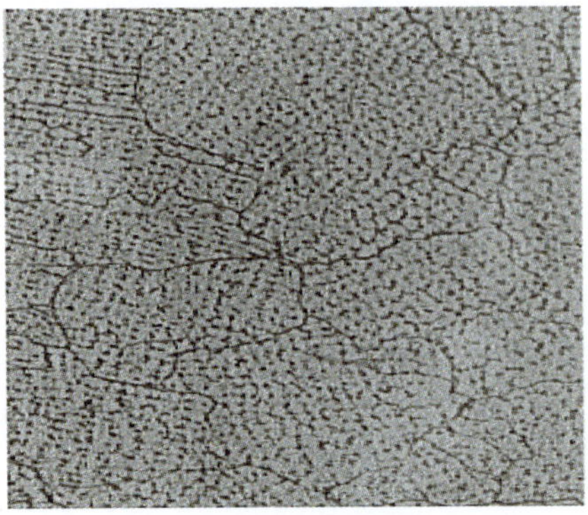

图 5-5　焊缝

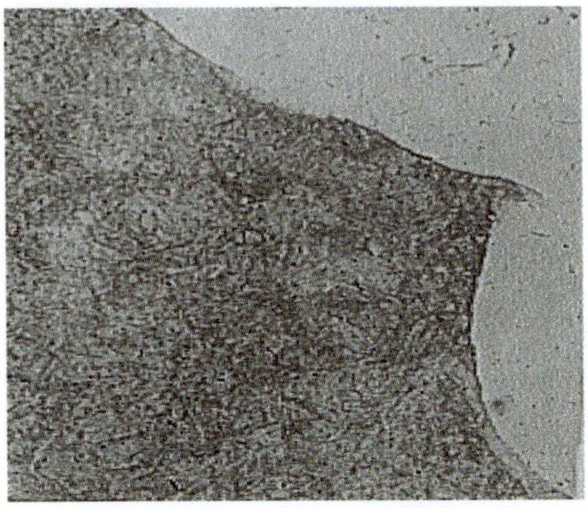

图 5-6　补焊后母材、焊缝

图 5-7 补焊后母材、焊缝

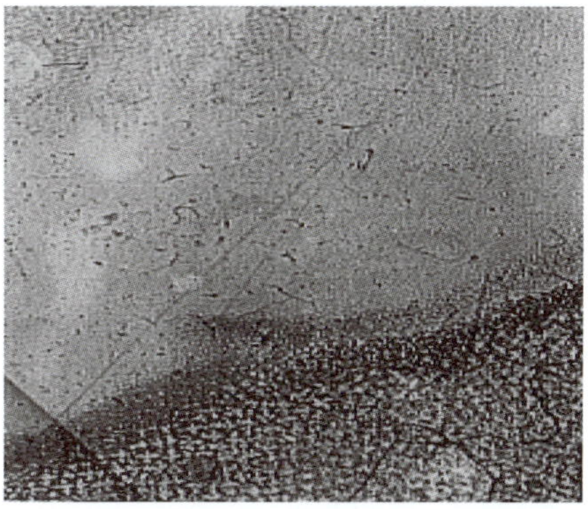

图 5-8 焊缝

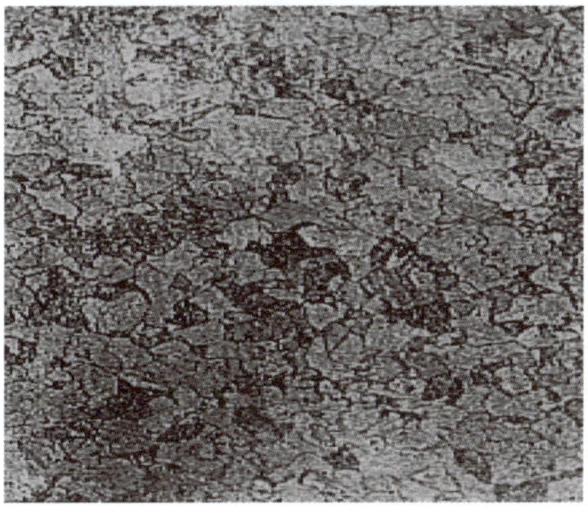

图 5-9 母材（1）

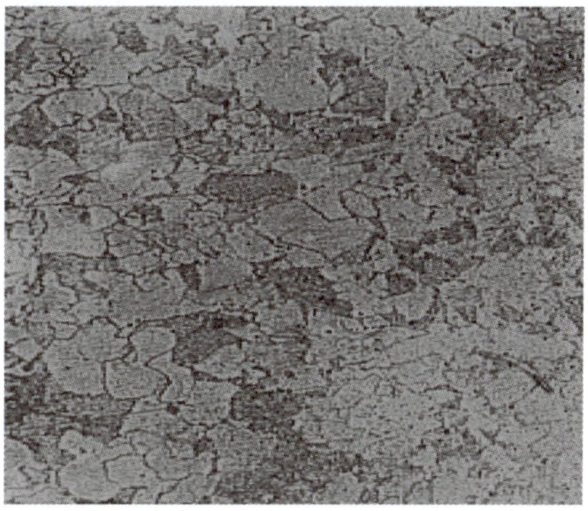

图 5-10 母材（2）

2. 热焊

热焊的特点是组织相同、性能相同，不存在异种钢焊接问题，性能好、寿命长，但工艺复杂、成本高。

热焊工艺要点：① 焊材选用比母材低一强度等级；② 依据母材组织性能制定补焊工艺曲线，包括预热焊接参数、焊接顺序、道数、层数、回火工艺等，焊接顺序十分关键，它能降低应力水平；③ 对难回火的大部件、复杂部件可采用跟踪回火；④ 焊后跟踪锤击可降低应力幅度；⑤ 焊后应做宏观、表面、硬度、金相检验。热焊在实际中应用广泛。

（1）调速汽门裂纹挖补治理。

缺陷情况：某电厂调速汽门，材质 ZG20CrMo，缺陷具体位置见图 5-11～图 5-13。厂家原补焊面积 170mm×150mm，在补焊区内侧汽室内有长 25mm、宽 3mm 的扁铁，在扁铁两端有长 58mm、深 25mm 的目视可见裂纹（缺陷Ⅰ）。在此补焊区外壁上部有长 75mm、宽 15mm，呈近似 U 形的夹杂，夹杂边还有一条长 55mm 的裂纹（缺陷Ⅱ）。在调速汽门导汽管口处的内外壁上共有 6 处缺陷。缺陷Ⅲ在变截面处，裂纹长 380mm，局部深已达到 37mm，呈 S 形开裂，纵向宽度 95mm，裂纹从内壁开裂，外壁对应处有原厂家补焊区。缺陷Ⅳ在进汽管口“6”点钟处，有一条长20mm、深6mm的条形缺陷，附近焊有钢筋。缺陷Ⅴ在进汽口和汽室之间，有 2 个气孔及 2 个气孔联成的一条长150mm、深27mm裂纹。

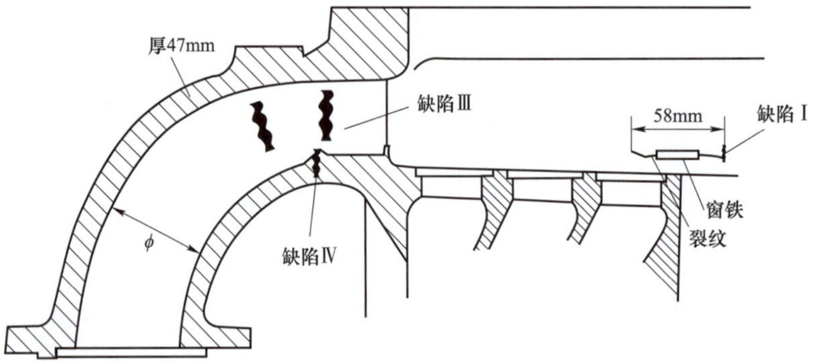

图5－11 缺陷Ⅰ、Ⅲ、Ⅳ、Ⅵ所处位置

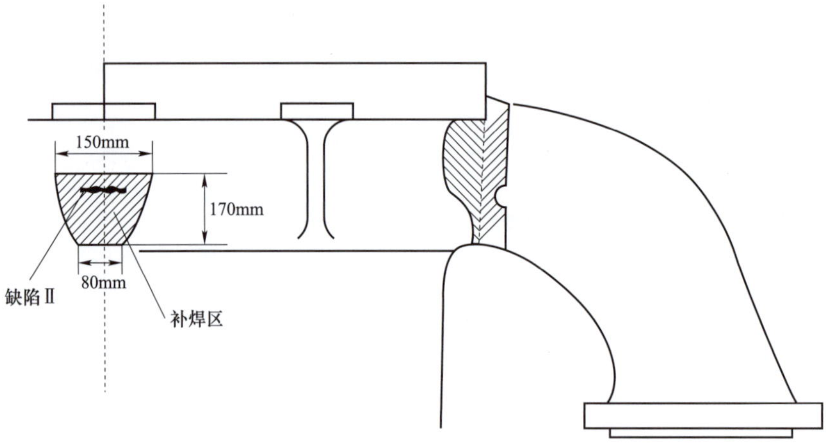

图5－12 缺陷Ⅱ所处位置

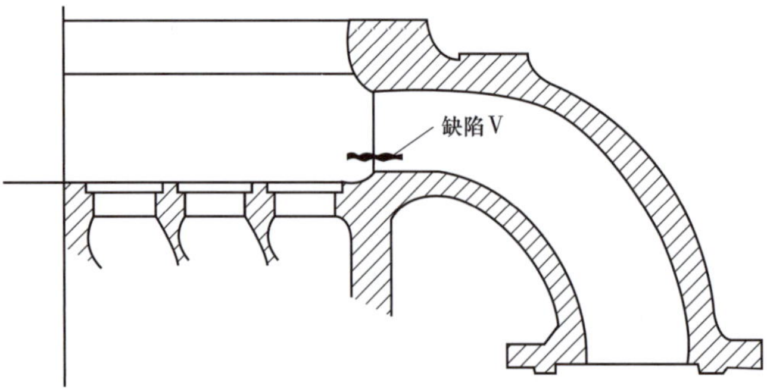

图5－13 缺陷Ⅴ所处位置

补焊工艺要点：所有缺陷均采用热焊工艺，采用R307焊条，规格为ϕ3.2。焊前预热280℃，在此温度下施焊。焊接选用跳焊，分段退焊，每焊完一道立即跟踪锤击。焊后 680℃回火处理，保温速度 3min/mm，回火处理加热、冷却速度控制在 100℃/h，200℃以下自然冷却。经补焊处理后，该调速汽门补焊区域硬度、变形量检验合格，满足了当时运行的急需要求，至今运行很好。

（2）高中压外缸中压进汽管之间缸体开裂治理。

缺陷情况：某电站 300MW 空冷机组，汽轮机为亚临界、中间再热、两缸两排汽、直接空冷凝汽式汽轮机，运行中发现高中压外缸中压进汽管之间缸体开裂，如图 5－14 所示，高中压汽缸材料为 ZG15Cr1Mo1，壁厚 140mm，裂纹长度 1250mm，深度 100mm。

补焊工艺要点：采用机械打磨＋碳弧气刨的方式消除缺陷后，火焰加热预热，选用镍基焊材冷补焊并采用 SMAW＋GMAW 两种方法进行焊接，以 GMAW 焊接为主，个别难以施焊部位采用 SMAW 焊接，修复过程严格控制修复工艺，焊接过程中持续采用渗透检测监督焊接质量，焊接完成后超声、渗透检测无异常，图 5－15 为修复焊缝表面状况，机组投运后缸体运行状况良好。

图 5－14　高中压外缸缸体开裂外观

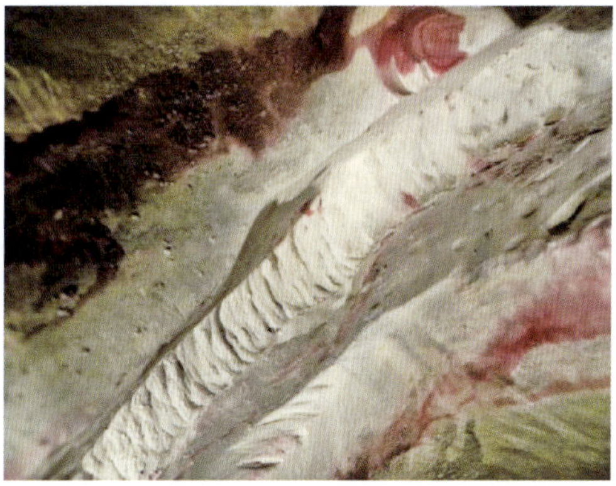

图 5－15　修复焊缝表面状况

（3）给水止回阀阀体外表面开裂治理。

缺陷情况：某热电联产 300MW 机组，运行中检查发现给水止回阀阀体外表面开裂，阀体材料为 ZG－WCB，设计壁厚 100mm，裂纹长约 150mm，深约 65mm。阀体裂纹形貌如图 5－16 所示。

补焊工艺要点：阀体缺陷部位采用角磨机打磨的方式进行消缺，消缺过程中结合渗透探伤对消缺坡口部位进行探伤检测，补焊准备的坡口呈 U 形，根部圆滑过渡。采用电加热的方法整体缠绕预热，预热温度 100～150℃，后采用 ENiCrFe－3 焊条补焊，规格为ϕ3.2。严格控制层间温度及基体金属温度不超过 100℃，焊后电加热升温至 350℃保温 1.5h 后缓冷。修复后经超声、渗透检测无异常，修复表面状况如图 5－17 所示，投入运行后连续四年逐年复查未发现问题。

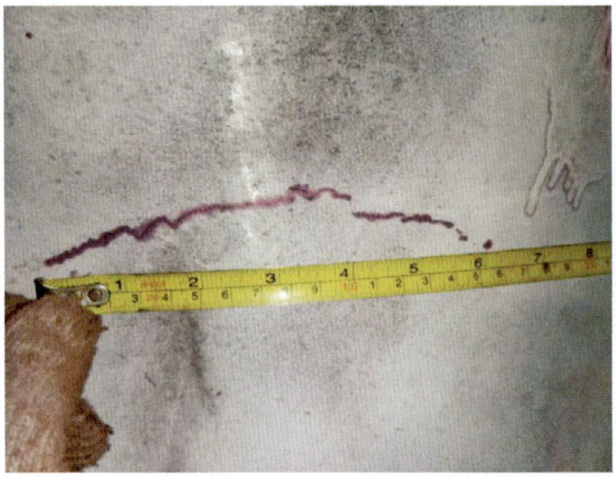

图 5-16 给水止回阀阀体裂纹

图 5-17 给水止回阀裂纹修复表面

（4）汽缸裂纹的检验分析与修复。

缺陷情况：某电站 4 号机组大修期间，中压缸内上缸蒸汽室内壁经宏观检验发现 3 条裂纹，长度分别为 30mm、25mm、25mm，在打磨消除裂纹的过程中，裂纹连接成 1 条。最终将裂纹消除时，缺陷部位打磨长 110mm，宽 26mm，深 40mm，缺陷情况见图 5-18 和图 5-19。中压缸内缸材质为 B64J-V，系法国钢种，相当于国产 ZG17Cr1Mo1。

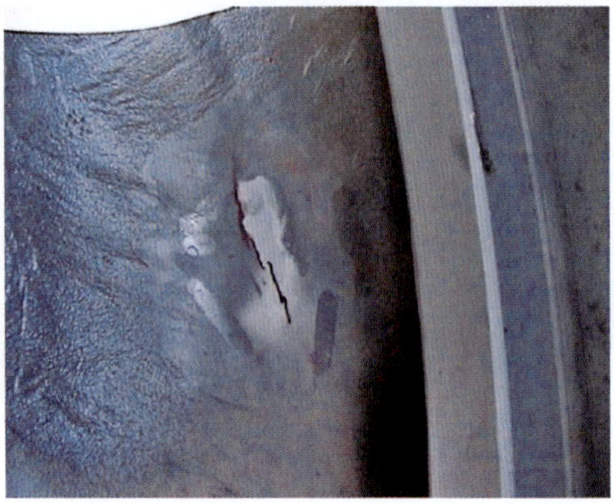

图 5-18 中压缸裂纹

图 5-19 打磨后中压缸裂纹

修复方案：对打磨部位进行了补焊处理，补焊方案如下。

1）焊前准备。

焊条采用 R407L，规格为ϕ3.2，焊条在使用前按照焊条使用说明进行烘干。

修磨裂纹，采用砂轮或旋风铣清除裂纹，修磨后经着色探伤确保裂纹彻底清除。

焊接部位局部用烤枪预热到 150～200℃，烘烤范围以焊接部位为中心直径 200mm，保证缸体内外壁热透，保证加热均匀。

2）焊接工艺。

采用手工电弧焊进行施焊，直流反接，焊接电流 90～120A。

采用小电流，多层多道焊，保证层间温度不大于 200℃，注意层间焊渣要清理干净。

采用短弧焊，起落弧位置要错开，各层间焊道要垂直（宽焊道）。

除了底层和表层外，每焊接一道，在红热状态下，对焊道进行锤击（风镐）以消除应力。

焊接高度高出母材 2～4mm。

3）焊后处理。

用火焰喷枪在焊道表面及周边 200mm 范围内烘烤 10min，然后用石棉布包裹缓慢冷却；打磨焊缝表面与母材圆滑过渡；采用 MT 探伤检查，表面不得有裂纹等超标缺陷。

第二节 铸铁部件焊接

铸铁具有优良的铸造工艺性能和使用性能，生产工艺简单、成本低廉，广泛应用于机械制造、冶金、石油、矿山、交通运输、轻纺、建筑和国防等部门。

在各类机械中，铸铁件约占机器总重量的 45%～90%，在机床和重型机械中占机器总重量的 85%～90%。铸铁焊接主要应用在两个方面：铸造毛坯缺陷的补焊和铸件使用中失效的补焊。

在电站设备运行中主要补焊工作为在役设备损坏的修复。本节主要介绍灰口铸铁的手工电弧焊冷焊方法。

一、铸铁的种类、组织、性能

铸铁是工业中广泛应用的一种铸造金属材料，它是以 Fe－C－Si 为主的多元铁基合金，普通铸铁化学成分的大致范围为 $w(C)=2.50\%\sim4.00\%$、$w(Si)=1.00\%\sim3.00\%$、$w(S)=0.02\%\sim0.20\%$、$w(P)=0.40\%\sim1.50\%$。依据不同的化学成分和组形态，铸铁可分为灰口铸铁、可锻铸铁、球墨铸铁、蠕墨铸铁等。

为了提高铸铁的机械性能与耐磨性，通常在铸铁成分中添加少量铬、镍、铜、钼合金元素而制成合金铸铁。为了获得某些特殊性能的铸铁，也有添加数量较多的硅、铝、铬、锰、铜等合金元素而制成耐酸铸铁，耐热铸铁和元磁性铸铁等。

碳在铸铁中存在的状态、形成不同，对铸铁的组织、性能影响十分重要，如碳全部以渗碳体状态存在则为白口铸铁，而碳部分或全部以石墨状态存在则为麻口铸铁或灰口铸铁。而石墨又以球状形状分布则形成球墨铸铁。

显而易见，在铸铁补焊中，碳以何种状态存在，对铸铁补焊和控制焊缝质量是至关重要的。

铸铁的性能取决于铸铁的组织与成分，一般来说，铸铁的抗拉强度、塑性和韧性要比碳钢低。虽然铸铁的机械性能不及钢，但碳以石墨状态存在赋予了铸铁许多钢所不及的性能，如良好的耐磨性、高的消振性、低的缺口敏感性、优良的切削加工性和铸铁工艺性，且成本低廉。所以灰口铸铁是工业上应用面宽量大的铸造材料，也是我们的铸铁补焊经常碰到的材料。

二、灰口铸铁的焊接

1. 灰口铸铁的焊接性

常用的灰口铸铁的化学成分 $w(C)=2.60\%\sim3.80\%$、$w(Si)=1.20\%\sim3.00\%$、$w(Mn)=0.40\%\sim1.20\%$、$w(S)\leqslant0.15\%$、$w(P)\leqslant0.40\%$。灰口铸铁试棒的力学性能见表 5－5。

表 5－5　灰口铸铁试棒的力学性能（GB/T 9439—2023）

牌号	抗拉强度（MPa）	牌号	抗拉强度（MPa）
HT100	≥100	HT250	≥250
HT150	≥150	HT275	≥275
HT200	≥200	HT300	≥300
HT225	≥250	HT350	≥350

灰口铸铁在手工电弧焊接中，冷却速度快、工件受热不均、焊接应力较大易产生白口和淬硬组织，所以灰铁焊接的主要问题是白口化及裂纹等问题。

防止白口产生的途径为：

（1）采用促进焊缝石墨化的焊材；

（2）减慢焊缝的冷却速度；

（3）采用异质焊材。

2. 灰口铸铁的焊接方法及工艺

铸铁的焊接方法有热焊法、半热焊法和冷焊法。

热焊法可以避免白口。性能基本和基体一致，但工艺复杂、周期长、劳动条件差、焊前需预热到 600～700℃，仅适用于平焊，有时对大部件预热还较困难，甚至不能采用预热。

半热焊法为预热 400℃左右，施焊条件比热焊法有所改善，可任意位置焊接，但石墨化效果不如热焊法。

冷焊工艺简单、可不预热、劳动条件好、补焊生产成本低、焊接位置不受限制，是一种值得推广的焊接方法，但此种焊接方法接头组织、性能不均匀，白口较难避免。

目前，我国生产的铸铁冷焊焊条较多，它们的设计思路基本为：① 采用促进焊缝石墨化的焊材，使焊缝充分石墨化以抑制白口的产生；② 采用得到异质焊缝的焊材。

铸铁冷焊比热焊有诸多优点，目前较为成熟的铸铁冷焊技术有以下几个方向：

（1）氧化型钢芯铸铁焊条（Z100）。

该焊条药皮具有强的氧化性，能把焊缝碳、硅氧化掉，使之达到碳钢成分。但实际焊接中，焊缝金属很不均匀，靠近母材的碳、硅很高，能达到高碳钢（0.8%～0.9%C）的成分，所以有时虽没有出现白口，但马氏体组织却不可避免。

施焊时应采用小的熔合比，采用小规范工艺参数，同时可以配合焊后锤击，但锤击温度不小于 500℃，该焊材适用于补焊质量要求不高，焊后不要求机械加工的铸件。

（2）高钒铸铁焊条（Z116、Z117）。

高钒铸铁焊条的焊芯为 H08A，药皮加入大量的 $w(V)>12\%$，使焊缝形成高钒合金钢，金相组织为铁素体＋碳化钒，在熔合线上有一条非常窄的黑带，即为碳化钒颗粒，在母材和黑带附近区（熔合区）为白口层，其厚度为 0.1～0.3mm，高钒焊条焊接加工性不及镍基焊条，但高钒焊条焊缝具有良好的机械性能，R_m558.6～588MPa，硬度不大于 HB238。焊缝抗裂性高于铜钢焊条，焊缝不易出现气孔。

施焊尽可能采用小的熔合比和小电流。可用于焊接受力较大和非加工的铸铁件，且适用补焊球铁和高强度的铸铁。

（3）强石墨化型铸铁焊条（Z208、Z248）。

冷焊用 Z208 焊条焊芯为 H08 钢芯，而 Z248 为铸铁焊芯，二者药皮均含有大量萤石、石墨、硅铁的强石墨化材料，在一定的条件下可使焊缝石墨化，得到灰口铁组织。

补焊工艺要点是应采用大的线能量，使焊缝冷却速度减慢，以保证焊缝的充分石墨化。当补焊面积较小时，焊接接头仍易出现白口。要使焊缝能达到石墨化，要尽可能选择热输入大的焊接规范，这样才可避免白口的产生。

该焊接材料易得、工艺简单，焊后颜色、硬度与此材接近，可选用于补焊工件刚度不大的中、大型缺陷，但值得指出的是补焊焊道不能锤击，这在实际工作中应特别注意。

（4）镍基铸铁焊条（Z308、Z408、Z508）。

镍为石墨化元素，焊缝镍可以过渡扩散到熔合区，使熔合区白口减小，且使白口层呈断续分布。它的焊缝组织为奥氏体，塑性、韧性比较好，抗裂性也较高且具有良好的切削加工性。

焊接应采用热输入小的焊接工艺参数，减小熔合比，采用短断、分散焊，焊后配合锤击以消除应力。

在这三种镍基焊条中，Z308 焊条焊芯为纯镍，半熔合区宽度一般只有 0.05～0.1mm，是所有冷焊焊条白口层最窄的。Z408 焊条焊芯 $w(Ni)55\%$、$w(Fe)45\%$，强度比 Z308 高，不仅可以补焊灰口铸铁，还可以补焊球墨铸铁，抗裂性、咬合性比 Z308 强，价格也比 Z308 便宜，但机加工性比 Z308 稍差。Z508 加工性比 Z308 差，抗裂性和接头强度比 Z408 差，价格又比 Z408 贵，所以应用受到一定限制。

（5）铜基铸铁焊条（Z607、Z612）。

铜为石墨化元素，价格低廉能起到镍元素类似的作用。铜的熔点比较低，可以减小母材的熔化量，因铜不和碳溶解、化合，所以铜过渡扩散到熔合区能够减小白口，甚至没有白口。铜基焊材的焊缝塑性、韧性好，具有良好的抗裂性，是目前有发展的焊条，它的特点为小电流施焊并配合锤击。

（6）低氢型结构钢焊条（E5016）。

低氢型结构钢焊条是一种便宜易得的材料，它与母材的咬合性很强，虽然采用它焊接铸件会不可避免地产生白口和淬硬组织，以至产生裂纹和剥离，但只要采用合理的工艺方法不仅可以解决一些普通铸件的补焊，对一些大型铸件难度较大的缺陷也可以补焊。

用低氢型结构钢焊条补焊灰口铸铁的工艺措施为：

1）采用电弧回火的运条方法。

2）采用 U 形坡口，且坡口底部尽量呈平底形。

3）采用机械加固技术措施（如栽丝、钻浅孔、挖焊槽、埋置钢丝、镶加强板等）。

总之异质焊缝的电弧冷焊应尽量减小熔合比，减小热影响区宽度，用小电流焊接；采用短段、断续、分散、多道焊要领。对缺陷处有油污、杂质的可用火焰清除或采用咬合性比较好的焊材和韧性比较好的焊材结合使用。对一些大缺陷可以采用镶块法或机械加固措施。至于在什么情况下采用何种工艺方法，应根据铸铁缺陷的性质、大小、使用条件、经济性来具体确定。

3. 灰口铸铁焊接修复典型实例

（1）球磨机 ZD70 减速机机体地脚法兰焊接修复。

部件特点：球磨机型号 ZD70，重量 800kg，材质 HT200。

工艺要点：焊接材料选用 Z248 焊条，焊接电流选择 300A。焊前把补焊处母材清理干净，用耐火材料造型，补焊修复采用热输入较大的焊接规范，焊后使之缓慢冷却。经补焊后该减速机可以再次使用。

（2）汽轮机低压气缸外壳的补焊。

部件特点：该缸体外壳材质 HT200，该缸体裂纹长 2m。

工艺要点：焊接材料选用 Z308 焊条，焊条直径 3.2mm，焊前先清除裂纹四周的油、锈和水分，并打磨出金属光泽。在保证熔合良好、操作方便的情况下，尽量采用小坡口，且坡口为 U 形。焊接修复遵循灰口铸铁冷焊要领，每段焊道长度控制在 15～20mm。焊接选用比焊接相同厚度低碳钢小 20～30A 的电流。焊后锤击，每段焊道焊完后，待温度降到 50℃以下时再焊第二层。该缸体经此工艺修复后，运行良好。

（3）D9495 疏水阀门阀体法兰断裂的修复。

部件特点：阀体重量 550kg，材质 HT200，法兰直径ϕ570mm，工作壁厚 30mm，裂纹沿法兰开裂占法兰周长的 37%。

工艺要点：焊接修复该阀体采用机械加固措施即埋钢筋法，用 E5016 焊条补焊。坡口制备用角向磨光机沿裂纹走向打磨坡口（外壁），坡口深度为 2/3 壁厚，在垂直裂纹方向上，每间隔 100mm 左右制作 10mm×10mm 的 U 形槽，且内外壁的 U 形槽相互错开。施焊顺序为：先焊槽底的裂纹，焊后打磨光滑放入钢筋，点焊牢固，然后再把钢筋周围焊好，待埋入的钢筋焊好后，最后焊接裂纹坡口。施焊完毕后用角向磨光机将焊缝与母材光滑过渡。该阀体经补焊后可使用。

（4）机壳体破碎的补焊。

部件特点：机壳体重 200kg，材质 HT200，破碎孔洞尺寸为 240mm×165mm，厚 15mm。

工艺要点：焊前先用磨光机将缺陷表面处清理干净，在裂口处开 V 形坡口，坡口深约 10mm。焊接材料选用 E5016 焊条，焊条直径为 2.5mm 和 3.2mm。焊接顺序为：先将两端裂纹补焊好，同时将破碎的两块焊在一起（焊缝Ⅰ），施焊时预留反变形量，然后施焊焊缝Ⅱ，同时也预留一定的反变性量。第Ⅰ、Ⅱ焊口均采用直线运条方法，焊条选用直径 3.2mm，焊接电流 100～110A。Ⅰ、Ⅱ焊口焊完后待冷却到室温，开始对称施焊焊缝Ⅲ，焊条选用直径 2.5mm，电流 70～80A。每段焊道长 100mm，焊后锤击，焊后焊道与母材磨平，即可使用。

（5）ZD70 减速机机体裂纹的补焊。

部件特点：该机裂纹横向长 400mm，纵向长 100mm，裂纹处壁厚 18mm。

工艺要点：焊前先用氧－乙炔焰将裂纹待补焊处的油烧掉，然后清除表面氧化物、检查裂纹终点位置，并打上裂孔。用砂轮开 U 形坡口，深 13～14mm，宽 17～20mm，且保证裂纹在坡口中心位置。

由于铸件长期在油浸环境中工作，所以施焊采用 E5016 和 Z308 两种焊条混合交替使用，在焊第一层时，先用 E5016 焊条焊一点（基本形成一个熔地），接着用 Z308 焊条施焊下一点，以此类推采用分段焊法完成打底层的焊接，如图 5－20 所示。

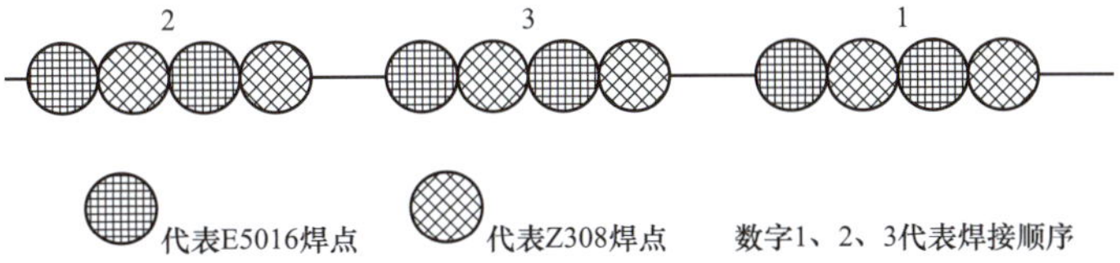

图 5－20　焊接材料及焊接顺序

中间层分三道焊完，两侧采用 E5016 焊条焊接，中间采用 Z308 焊条。盖面分四道焊完，由于前几道焊接的“热作用”，铸铁面与 Z308 熔合已良好。故两侧采用 Z308 焊条，中间采用 E5016 焊条，焊接工艺应遵循冷焊工艺原则。为增加强度，用 20 钢板制作三角形加固钢板（边长 110mm，厚度 15mm），该加固筋的焊接全部采用 E5016 焊条焊接。该部件经修复后，可重新使用。

第六章

电力受热面管道增材再造

受热面管道作为电站中运行工况复杂、材质多样、治理频繁的金属部件，受到技术人员广泛关注。本章主要系统阐述了受热面管道的位置及作用、运行工况以及常见失效形式、增材再造所采用的热喷涂方法及工艺，为受热面管道实施增材再造提供比较全面的技术参考。

第一节　受热面管道概述

一、受热面管道的位置及作用

受热面是指从放热介质中吸收热量并传递给受热介质的表面。电站锅炉受热面管道在锅炉中的位置如图 6-1 所示。可以看出，锅炉受热面管道主要由五部分组成：炉膛水冷壁、过热器、再热器、省煤器、空气预热器等。炉膛水冷壁是炉壁内侧布置着的密集排列的管子，管内有水和蒸汽通过。其作用是既作为工质的辐射受热面，又能保护炉墙，使其不致烧毁。过热器是锅炉的重要组成部分，它的作用是将饱和蒸汽加热成为具有一定温度的过热蒸汽。过热器的工况为：低压锅炉的蒸汽温度一般为 350～375℃，过热器前布置有大量对流蒸发管束，进入过热器的烟温在 700℃左右。中压锅炉多为燃烧煤粉或重油的锅炉，其过热汽温为 450℃，这时的炉膛辐射传热小于或接近于蒸发热，因而过热器前通常不再布置对流蒸发管束，进入过热器的烟温可达 1000℃左右。高压锅炉，尤其是超高压锅炉，随着锅炉参数向高温高压方向提高，水的汽化热逐渐减少，而蒸汽过热所需的过热热量大大增加，这一现象导致蒸发受热面吸热量比例下降，而过热器吸热量比例上升，这时必须把一部分过热器受热面布置在炉膛内，使其吸收部分辐射热。再热器也叫中间再热器或二次过热器。由锅炉产生的高压过热蒸汽送入汽轮机高压缸，膨胀做功后返回到锅炉的再热器重新加热，然后又回到汽轮机中低压缸继续做功，最后排入凝汽器。再热器的工况为：流经再热器的额定蒸汽量为高压蒸汽的 80%左右，汽压约为新汽压力的 20%～25%，再热后的汽温约等于新汽温度。省煤器是由许多并列蛇形管组成的，其作用是能有效地吸收排烟中的余热，提高给水温度和锅炉的热效率，节约燃料。进入这些受热面的烟气温度已不高，故常认为省煤器为尾部低温受热面。在受热面中，省煤器金属的温度最低，一般在100～150℃。空气预热器的作用是吸收烟气的热量把流经它的空气加热成为热空气。

二、受热面管道运行工况

实测表明，煤粉燃烧锅炉的火焰中心温度可达1500～1770℃，燃烧后的灰渣在这样高的温度下多呈熔化状态。正常情况下，由于炉内水冷壁吸热，烟气温度一路降低，熔化的灰渣随烟气接近水冷壁时已冷凝下来，这些灰渣有质量、有速度、有棱角。在经过管道的受热面时，一方面，颗粒因为有动量，会对管道产生冲击；另一方面，这些颗粒的棱角会对管道有切削作用。冷凝下来的灰渣一部分直接落入渣口，一部分附着在水冷壁上形成疏松易脱落的灰层，其余部分则随高温烟气经过高温过热器、低温过热器、省煤器、空气预热器等系统，并在其流动过程中形成对这些系统的玷污，称为积灰。如果灰渣附着在水冷壁内，仍呈熔融状态，便会黏结在一起形成紧密难除去的灰渣层，称为结渣。锅炉受热面积灰结渣的形貌特征说明积灰结渣是有区别的，它们是完全不同的两个概念。所谓“积灰”，是指温度低于灰熔点的灰沉积物在受热面上积聚，多发生在锅炉对流受热面上。所谓“结渣”，是指在受热面壁上熔化了的灰沉积物的积聚，这与

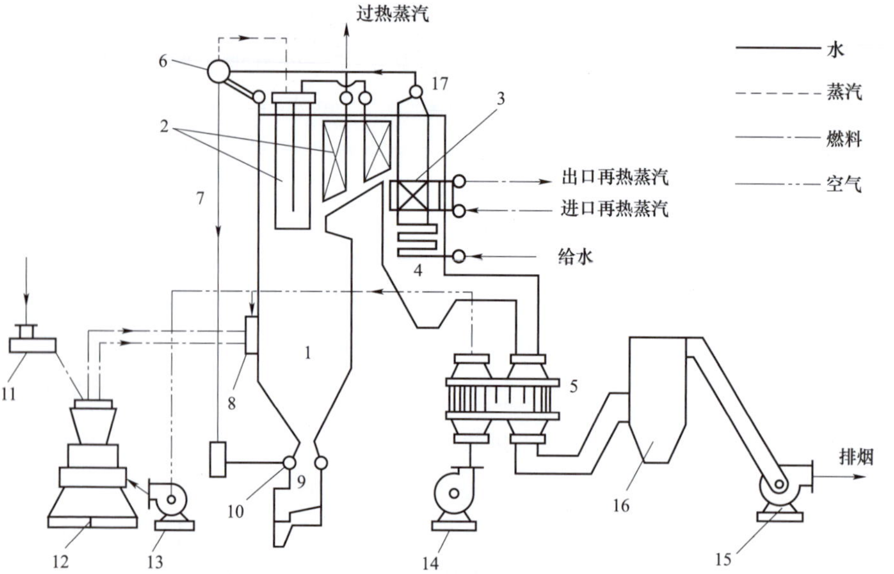

图6-1 煤粉锅炉系统简图

1—炉膛水冷壁；2—过热器；3—再热器；4—省煤器；5—空气预热器；6—汽包；7—下降管；8—燃烧器；9—排渣装置；10—联箱；11—给煤机；12—磨煤机；13—排粉机；14—送风机；15—引风机；16—除尘器；17—省煤器出口联箱

因受各种力作用而迁移到壁面上的某些灰渣的成分、熔融温度、黏度及壁面温度有关，多发生在炉内辐射受热面上。生产实践表明结渣和积灰会同时发生，只不过是根据炉内条件不同而决定哪个过程起主要作用而已。

与灰渣的冲击、切削相比，积灰与结渣的危害性更大。当积灰与结渣达到一定厚度后，会连同管道上的一部分腐蚀产物一同剥落。而新的积灰或结渣又很快在该区域形成，重复上述过程。随着运行时间的增加，受热面管道在该区域形成薄弱环节，当管道减薄到一定厚度时，将导致受热面管道发生失效，影响机组的正常运行。

第二节　受热面管道主要失效形式及原因

受热面管道包括水冷壁管、过热器管、再热器管以及省煤器管，简称锅炉“四管”，其主要失效形式为爆管。引起爆管的原因有很多，通过对某地区所属的电厂，各种类型的火电机组 1000 余条锅炉“四管”爆漏失效记录的详细情况进行统计分析，发现过热、磨损、裂纹以及腐蚀是造成“四管”爆漏的四大主要原因。结合典型案例，对以锅炉“四管”为代表的高温易损部件失效的原因进行分析。

一、受热面管道过热失效

引起爆管的过热原因包括长期过热和短期过热。

长期过热引起的爆管呈窗口形，边缘粗糙且损伤面比较大。例如某电厂容量 100MW 的机组，高温过热器管规格 ϕ 42 × 5.5mm，材质为 12Cr1MoVG 钢。投入运行 7 年 9 个月，高温过热器管发生开裂泄漏。图 6－2 为发生爆裂的管道的宏观形貌，观察发现其具有以下特点：

（1）开裂部位位于受热面管道的向火侧；

（2）爆口沿管道纵向开裂，部分已经崩掉，爆口长约 400mm，宽约 110mm；

（3）爆口断面粗糙，呈颗粒状，为脆性断裂；

（4）爆口周围氧化皮沿管子纵向呈老树皮状开裂（见图 6－2）；

（5）管径无明显的胀粗，管壁几乎不减薄。观察爆管的形貌发现其具有长期过热的特点。

发生爆裂的管道金相组织形态特点见图 6－3，分析可知：爆口处组织珠光体严重球化，出现蠕变孔洞和蠕变裂纹；观察背火侧金相组织珠光体球化级别为 5 级。通过对爆裂管道的宏观形貌以及微观金相组织分析可以判定，爆管原因为长时间过热，由于管道微观组织珠光体球化严重，同时出现蠕变孔洞及蠕变裂纹，在内部介质压力作用下沿粗大蠕变裂纹发生爆破。该区域的管排过热现象较为普遍和严重。

图 6-2　长期过热爆口形貌

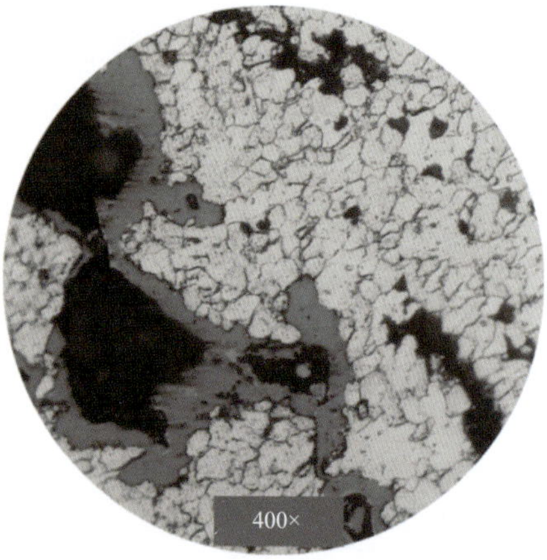

图 6-3　爆口处金相组织

再如某 300MW 火电机组，2023 年 10 月锅炉在运行过程中发生末级再热器爆管泄露。末级再热器钢管规格 $\phi 63\times4.0$mm，材质为 12Cr1MoVG 钢。爆口宏观形貌见图 6-4，钢管爆口呈厚唇形形貌，爆口开口较小、边缘粗钝，壁厚减薄较少，内、外壁存在多条“老树皮”状纵向裂纹，同时可见较厚尺寸的氧化皮，爆口呈现较为明显的长时间过热特征。

图 6-4　爆口宏观形貌图

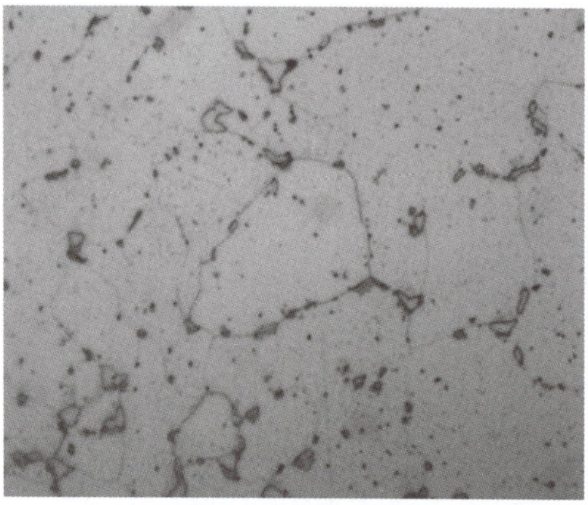

图 6-5　爆口金相组织

末级再热器钢管爆口处组织为铁素体 + 粗大的碳化物（见图 6-5），组织严重球化，球化级别 5 级，同时管材的屈服强度、抗拉强度值均已低于标准要求。该起受热面管爆漏失效的主要原因是由于锅炉运行过程中，末级再热器管处于长期过热状态，导致钢管严重老化致使其强度严重下降，不能承受内部介质压力，从而引发爆管泄漏。

短期过热引起的爆管呈枣核形、边缘锋利。例如某电厂容量 200MW 的机组，高温过热器规格为ϕ 42×5.5mm，材质为 SA213－T91 钢。某次小修后启动升至大负荷状态时发生爆管泄漏。当时运行工况：内部介质温度约 500～530℃，外部烟气温度约 1100～1200℃。根据运行数据判断爆破处金属壁温不是整个管道的最高点。爆口宏观形貌见图 6－6，爆口在向火侧，爆口处管道由于蒸汽反作用力而弯折成将近 90°。爆口为喇叭口，边缘减薄明显，爆口沿管道纵向长度无法准确测量，最大宽度 123mm。管径有胀粗但不明显，爆口旁胀粗为 48mm，离爆口 500mm 处胀粗为 45mm；爆口宏观形貌呈短时过热特征；管道内外表面无腐蚀现象。通过观察图 6－7 可知，爆口边缘组织未发生相变，仍为回火索氏体，但已变形，沿爆破方向拉长。沿周向离爆口渐远，组织形态逐渐恢复正常，但有轻度球化现象，爆口对面背火侧，组织完整、未球化，为回火索氏体。以上组织形态为典型的短时过热爆破特征。

所以，确定 SA213-T91 管爆破原因为管壁超温导致的短时过热爆破，爆破时管壁温度未超过相变点 A_{c1}，估计在 800℃左右。受过热影响，离爆口 500mm 处管道材质有轻度球化。

图 6－6　爆口宏观形貌图

图 6－7　爆口金相组织（均为 389×）

再如某 330MW 燃煤机组，2023 年 12 月锅炉在运行过程中发生受热面爆管泄漏。经停炉后现场检查发现，二级过热器出口炉前数第 4 排、A 至 B 侧第 9 根钢管发生爆管泄漏。二级过热器出口管规格为ϕ51×8.0mm，材质为 T91 钢。从钢管爆口宏观形貌分析，钢管迎烟面存在一处爆口，爆漏钢管无明显机械损伤和腐蚀痕迹，爆漏管段管径发生明显胀粗。钢管爆口开口较大，呈“鱼嘴状”，爆口边缘较锋利、管壁减薄严重，呈延性开裂特征，具有典型短时过热爆管特征，如图 6－8 所示。

将爆漏的二级过热器出口管段自爆口处取样（见图 6－9）进行金相组织检测，金相组织见图 6－10。可以看出，钢管爆口处的组织已发生明显拉长畸变，组织为铁素体+少量马氏体+颗粒状碳化物，老化级别4级。对爆漏钢管临近爆口位置取样进行各项常温力学性能测试，测试结果显示钢管的抗拉强度、屈服强度均低于标准要求。本次火电机组锅炉二级过热器出口钢管爆漏原因是钢管在运行过程中因换热能力下降引起管壁温度急剧升高，对管材造成过热损伤，导致钢管强度不能满足内部介质压力而引发的短时过热爆管。

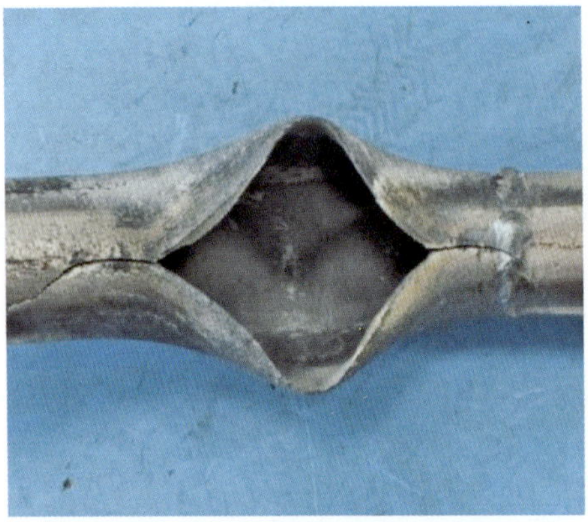

图 6-8　爆口宏观形貌图

图 6-9　爆口横截面

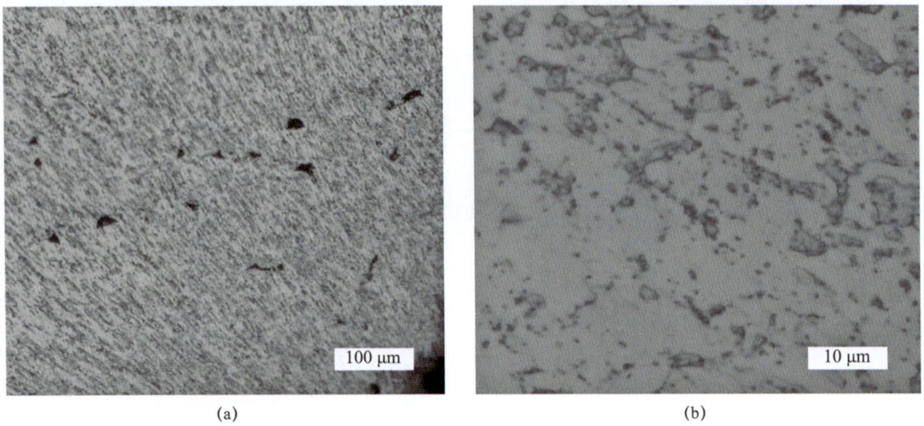

图 6-10　爆口金相组织图

（a）低倍；（b）高倍

二、受热面管道磨损失效

磨损减薄也是引起爆管的诱因。如某电力公司330MW机组，后屏再热器管规格为 $\phi 64\times 3$mm，材质为12Cr1MoVG钢。投产运行6个月发生爆管泄露，综合分析图6-11爆口的宏观形貌以及图6-12爆口附近出现管壁减薄、鱼鳞状磨损痕迹可知：

（1）发生爆裂的两排受热面管道位于吹灰器附近；

（2）部分管道宏观形态表现为被对面管道爆裂后泄露的蒸汽冲刷减薄爆管；

（3）爆口附近出现管壁减薄、鱼鳞状磨损痕迹，且所有管道磨损的方向一致。

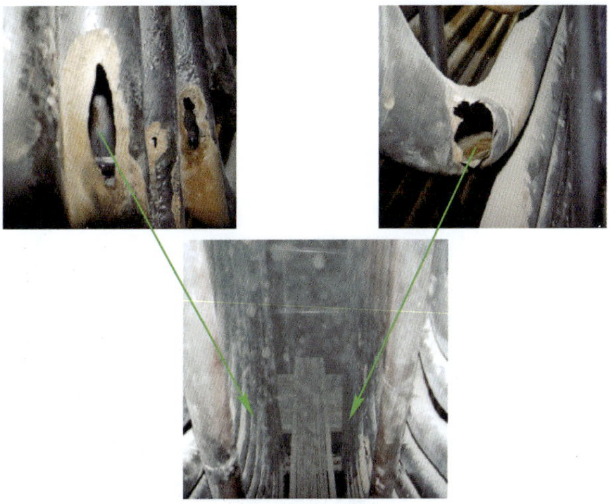

图 6－11　爆口位置

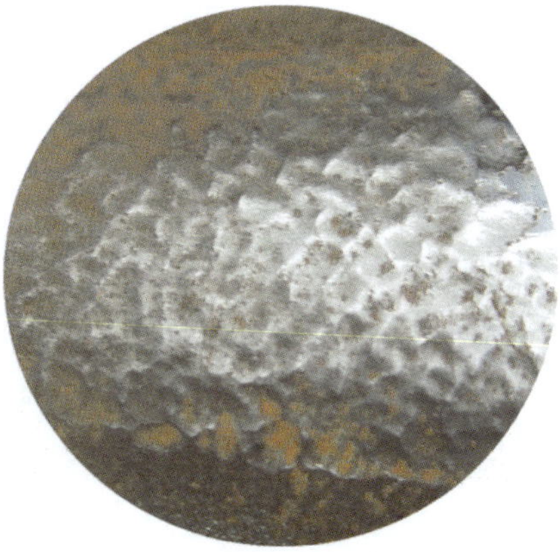

图 6－12　爆口附近形貌

发生爆管的后屏再热器管金相组织见图 6－13、图 6－14。分析图 6－13 可知金相组织基本正常，为铁素体＋粒状贝氏体，无过热迹象。从图 6－14 中可以看出，管道内壁出现脱碳现象，脱碳层厚度约为 0.4mm，未超标，符合 GB 5310《高压锅炉用无缝钢管》对管道内表面脱碳层厚度的要求。

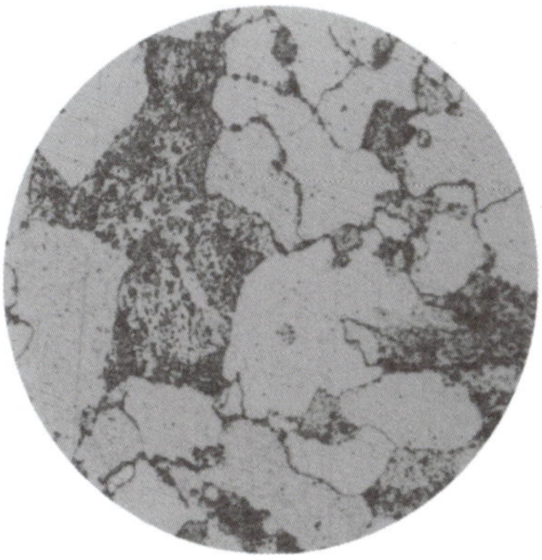

图 6－13　爆口附近金相组织（400×）

图 6－14　爆口附近金相组织（100×）

综合分析发生此次爆管的原因为吹灰器吹灰时磨损管壁，导致管壁减薄至最小设计壁厚以下造成爆管，爆管后没有及时停炉，泄露的高压蒸汽冲刷对面管道，造成相邻两排管道的管壁磨损减薄，相继爆管。

再如某电力公司 100MW 机组，低温再热器出口段材质为 15CrMoG 钢，规格为 $\phi 51\times 4$mm。投产运行 2 年 8 个月，低温再热器出口段钢管发生泄漏。经检验，爆口两侧有明显的磨损减薄痕迹，钢管内外壁均未发现腐蚀、高温氧化及原始缺陷。进一步观察发现钢管爆口附近外表面有大面积吹损减薄痕迹（见图 6－15、图 6－16）。钢管金相组织为铁素体和珠光体，爆口处组织球化级别为 2 级（见图 6－17），爆口对面侧球化级别为 1.5 级，未发现非金属夹杂物、原始微观缺陷及过热现象（见图 6－18）。根据钢管爆口宏观形态特征及外表面大面积磨损减薄痕迹，可以判定爆管是由于磨损减薄所致。

图 6－15　爆口宏观形貌

图 6－16　爆口横截面宏观形貌

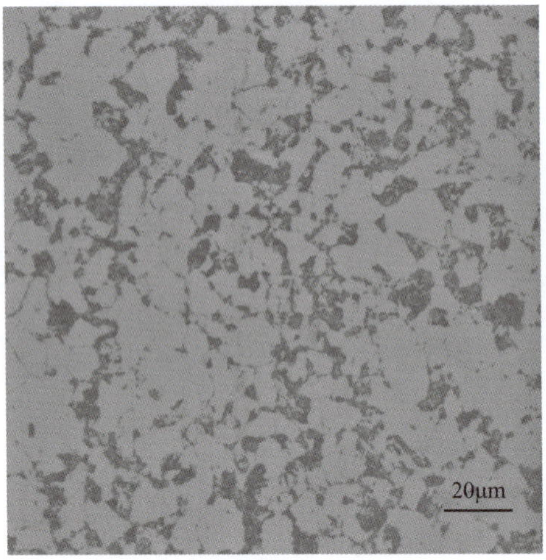

图 6－17　爆口附近金相组织图

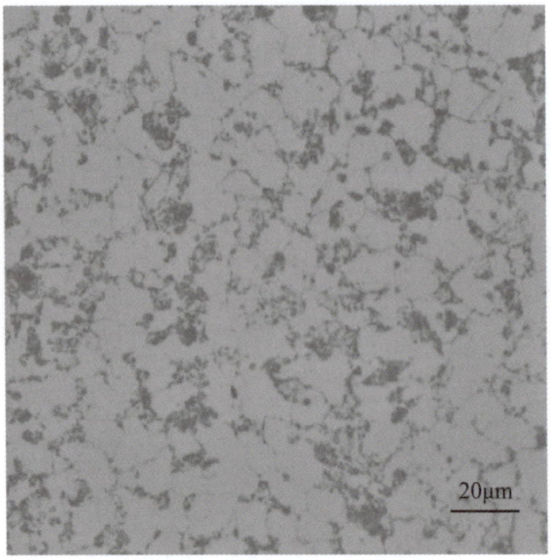

图 6－18　爆口对侧金相组织

再如某火电机组 200MW 循环流化床锅炉，在运行过程中发生低温再热器管爆管泄漏。低温再热器管规格为$\phi 57\times 4.5$mm，材质为 20G 钢。从爆口宏观形貌分析，管径无胀粗现象、无机械损伤，爆口边缘减薄明显，有明显的磨损平面，具有明显的磨损至泄漏特征，如图 6－19 所示。爆口附近的金相组织见图 6－20，爆口边缘及近爆口处均为铁素体＋珠光体，球化级别为 2 级，属于轻度球化。

综合上述实验结果分析可知，本次低温再热器管泄漏的主要原因为，锅炉运行过程中低温再热器管因受到烟气磨损，导致管壁严重减薄，壁厚减薄无法承受管内高温高压介质压力而引发的泄漏。

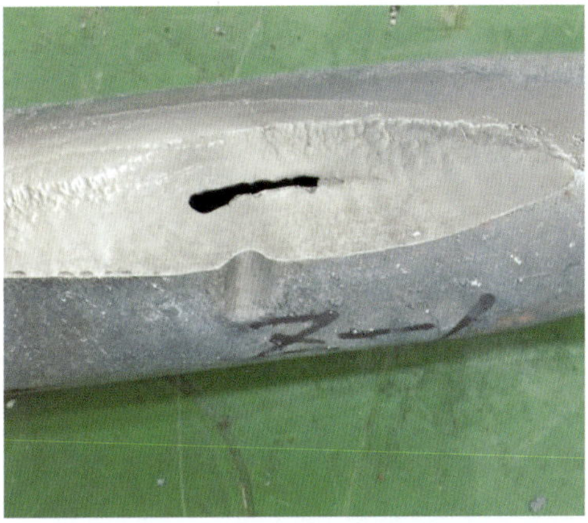

图 6－19　爆口宏观形貌图

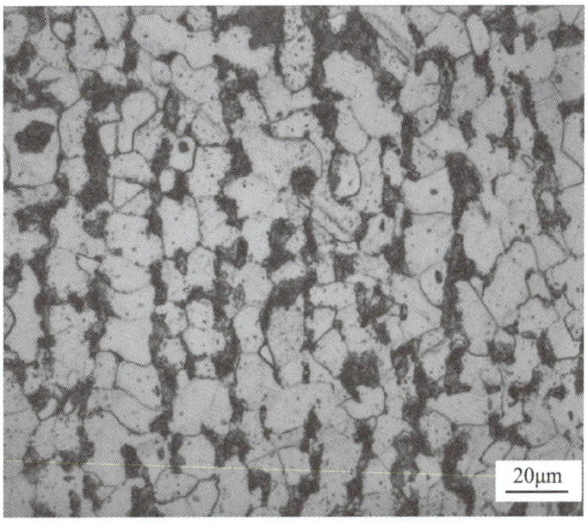

图 6－20　爆口金相组织图

三、受热面管道裂纹失效

内蒙古某热电厂 100MW 机组，运行时间 11.8 万 h，高温过热器受热面管规格为 $\phi 42 \times 5.5$mm，材质为 12Cr1MoV 钢。某次小修中发现一根高温过热器管外表面出现老树皮状纵向裂纹。发生开裂的受热面管宏观形貌见图 6－21，分析可以得出：

（1）外表面出现纵向裂纹，呈老树皮状，最宽处约 1.00mm；

（2）管径略有胀粗，最粗处约 43.24mm；

（3）裂纹位于向火侧；

（4）向火侧内壁出现大量纵向的氧化皮裂纹；

（5）管壁有原始缺陷痕迹；

（6）背火侧宏观形貌基本无变化。

裂纹附近组织为铁素体＋晶界和晶内的碳化物，珠光体严重球化，级别 5 级，出现双晶界现象，有蠕变孔洞及蠕变裂纹，外表面氧化皮厚度 0.38mm，晶界氧化裂纹深达 6～7 个晶粒，已超标；内表面氧化皮厚度 0.30mm，晶界氧化裂纹深达 2～3 个晶粒，内壁有原始缺陷坑，深达 0.30mm 左右，坑附近有蠕变孔洞出现。背火侧组织为铁素体＋晶界和晶内的碳化物，珠光体严重球化，级别 5 级，出现双晶界现象，无蠕变孔洞出现，见图 6－22。

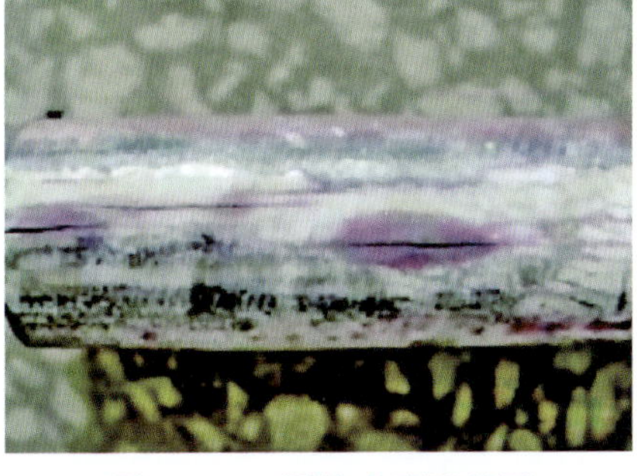

图 6－21　裂纹宏观形貌图

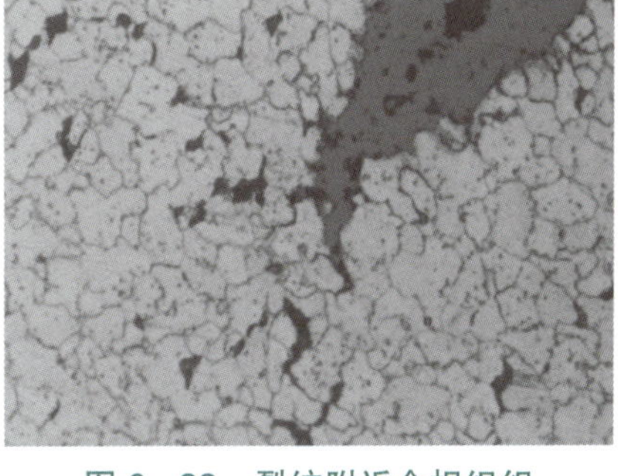

图 6－22　裂纹附近金相组织

经过综合分析，由于长时间超温导致管道持续过热，试样金相组织中珠光体严重球化，出现蠕变孔洞和裂纹。同时管材表面的原始缺陷加速了管壁开裂。启停炉时，由于管道所受应力变化较大，导致其表面出现纵向开裂。

再如某火电机组 660MW 超超临界压力锅炉，运行过程中发生低温再热器管开裂泄漏。低温再热器管材质为 12Cr1MoVG 钢，规格为ϕ63.5×4mm。对低温再热器管进行宏观分析，由图 6－23 可见，低温再热器三叉管母管与支管对接接头母管侧熔合线处存在一条周向裂口，裂口长度约 23mm，沿熔合线扩展，开口较细小，管壁外侧较宽、内侧较窄，已贯穿管壁。

图 6－23　爆口宏观形貌图

对泄漏低温再热器管自裂口处取样进行金相组织分析，如图 6－24 所示。裂口位于焊接接头热影响区的粗晶区，临近熔合线，走向基本与熔合线平行，断裂面附近可见多条沿晶裂纹。三叉管焊缝组织为粗大的贝氏体＋铁素体，组织状态基本正常。三叉管母管母材组织为铁素体＋珠光体，晶界上析出颗粒状碳化物开始长大，球化 3 级。

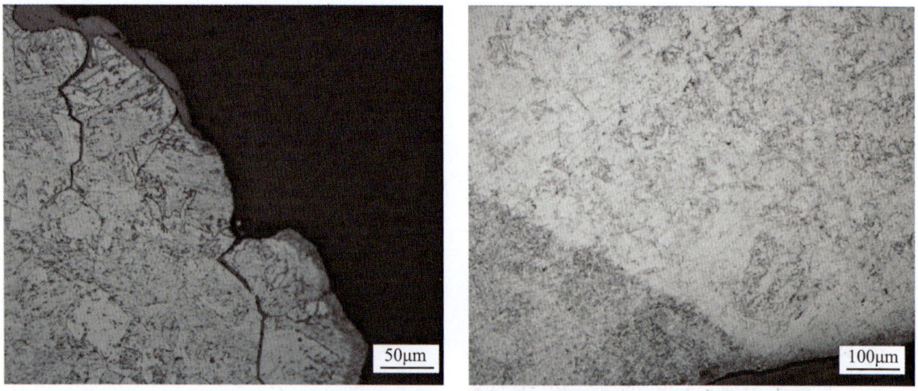

图 6－24　爆口金相组织图

四、受热面管道腐蚀失效

腐蚀是引起“四管”失效的主要原因之一。腐蚀有两种形式，一种形式是锅炉烟气侧的高温氧化、高温硫化腐蚀，另一种形式是锅炉管内侧的氧腐蚀。

某电厂150MW机组，高温再热器规格均为$\phi 42\times 3.5$mm，材质为12Cr2MoWVTiB钢。投产运行9年5个月，高温再热器管开裂泄漏，爆口形貌见图6－25。高温再热器管为U形管，爆口位于迎风侧背弧向直管86mm处，长56.30mm，最宽处9.0mm，边缘较薄约0.38mm，无明显胀粗。管内外壁有较厚氧化皮，外壁最厚处约2.85mm，内壁最厚处约2.65mm。观察金相组织回火贝氏体，爆口附近外表面有较深晶界氧化裂纹，并有多条由外向内沿晶扩展裂纹。爆口处组织老化4级，属完全老化，爆口附近及背风侧组织老化3.5级，属中度老化与完全老化之间，见图6－26～图6－28。经分析，钢管在高温氧化腐蚀的作用下，内外氧化皮厚度不断增加而导致管壁逐步减薄，在内部介质压力下，由外壁薄弱的晶界氧化裂纹处沿晶开裂，最终导致管道失效。

图6－25 爆口形貌

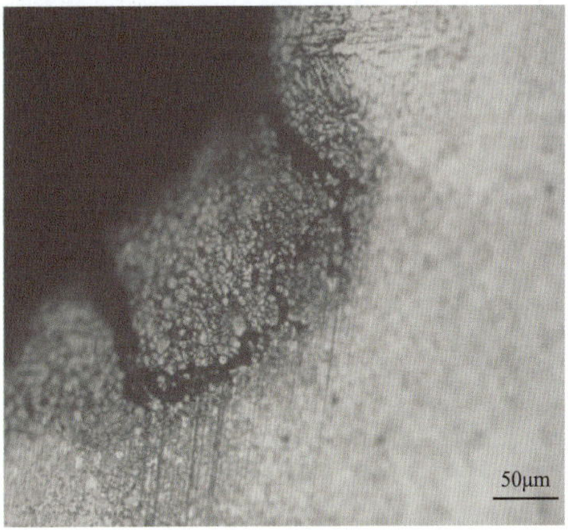

图6－26 外表面沿晶裂纹

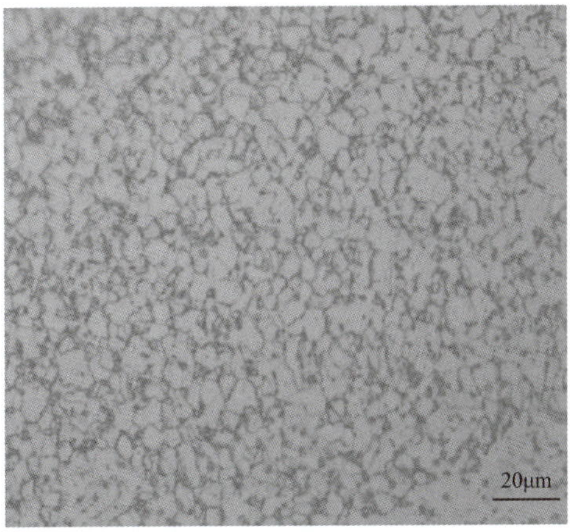

图6－27 爆口处组织

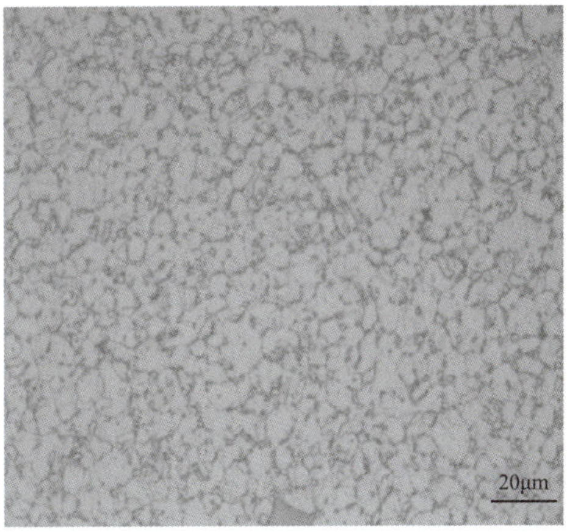

图6－28 爆口对侧组织

严重的氧腐蚀可引起爆管等失效事故。例如某电力公司330MW机组，水冷壁受热面管为内螺纹管，规格为$\phi 63.5\times 6.6$mm，材质为SA210C钢。投产运行4个月水冷壁发生爆裂泄漏。经分析水冷壁受热面爆管原因是：外壁产生的腐蚀产物附着在管子外壁（见图6－29），使管道热导性下降，引起管道外壁超温，组织逐渐老化，强度下降。同时，由于除氧器除氧效果不佳，致使含有溶解氧的水进入锅炉后，导致水冷壁受热面管内壁受到氧腐蚀（见图6－30），壁厚不断减薄，在内部介质压力的作用下，发生爆裂泄漏。

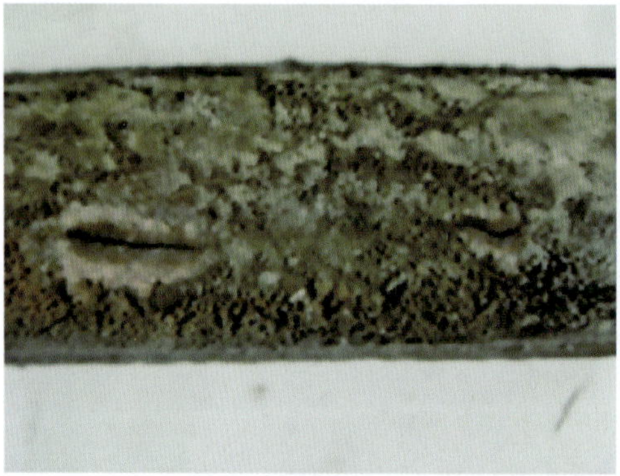

图6－29　爆裂泄漏处的外壁出现大量结焦腐蚀

图6－30　管子内壁出现大面积氧腐蚀

针对受热面过热、磨损、裂纹、腐蚀问题的治理可以分为两方面：一方面更换受热面管道，恢复金属部件使用性能，针对受热面所采用的不同材质，选择恰当的焊接方法，执行恰当的焊接、热处理工艺，完成受热面管道更换。另一方面，采用热喷涂等先进的技术手段在受热面表面制备防磨损抗腐蚀涂层，预防受热面因磨损和腐蚀导致失效，有效延长受热面管道的使用寿命。

当锅炉受热面上结有水垢或有沉积物，在水垢或沉积物下形成的腐蚀称为垢下腐蚀。受热面管内壁发生垢下腐蚀，释放的氢离子（或氢原子）渗入钢管金属内部与碳化物反应而引发氢脆开裂。例如某火电机组300MW循环流化床锅炉，受热面管规格为$\phi 60\times 7.5$mm，材质为SA－210C钢，投入运行7年1个月，分离器入口水平烟道顶棚水冷壁管向火侧发生爆管泄漏。对爆漏的受热面管进行宏观分析，如图6－31所示。爆口位于钢管下部向火侧，爆口呈“开窗式”脆性开裂形貌，纵向爆裂、开口较大、边缘粗钝，无明显塑性变形及减薄，爆口处及其附近区域钢管未见明显胀粗现象。钢管内壁向火侧存在严重积垢的情况以及众多腐蚀坑和宏观裂纹缺陷，具有较为典型氢脆爆管的宏观形貌特征；同时，与其相邻管段内壁存在严重积垢的情况。

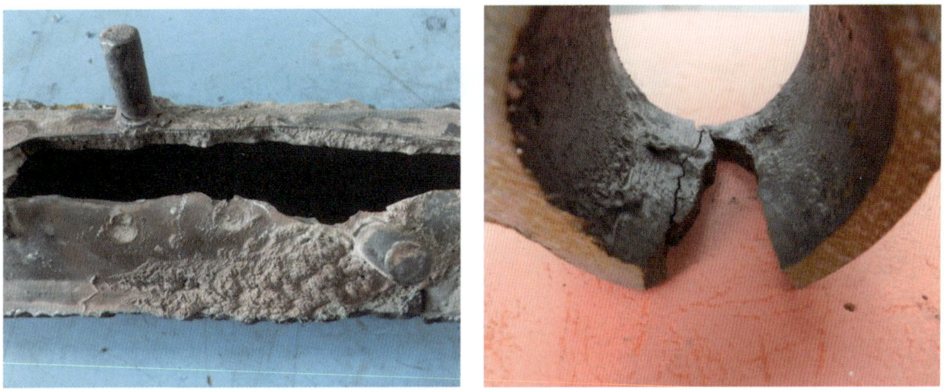

图 6－31　爆口内、外壁宏观形貌图

自爆漏水冷壁钢管爆口部位取样进行金相组织检测，如图 6－32 所示。可以看出，水冷壁管爆口端部圆钝，断口处呈现沿晶开裂特征，组织未见明显变形；爆口处钢管内壁的组织均为铁素体，珠光体全部消失，组织脱碳严重，存在大量腐蚀坑，且组织中存在大量沿晶裂纹，裂纹内部未见明显氧化。钢管外壁侧的金相组织基本正常，为带状铁素体＋珠光体，未见明显球化，未见明显脱碳。与爆漏钢管临近的水冷壁管内壁侧组织存在脱碳现象，且组织中可见大量沿晶裂纹，裂纹深度约 1mm。

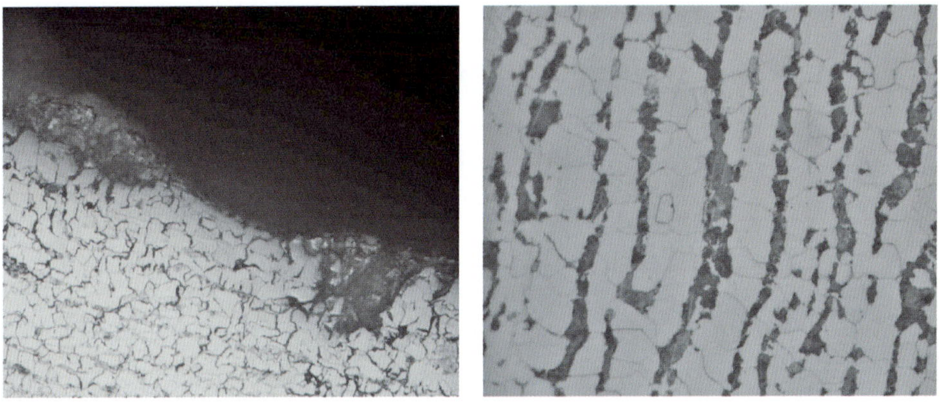

(a)　　(b)

图 6－32　水冷壁管各部位金相组织

（a）爆口附近；（b）爆口对侧

对爆漏水冷壁管内壁垢样使用 X 射线衍射仪器（XRD）进行检测，结果显示腐蚀产物中主要含有四氧化三铁、三氧化二铁。

综合分析，本次水冷壁管爆漏的主要原因为，水平烟道顶棚水冷壁管在高温高压运行环境下，钢管向火侧内壁浓缩并沉积了大量的以氧化铁为主要成分的垢物，钢管内壁发生垢下腐蚀，释放的氢离子（或氢原子）渗入钢管金属内部与碳化物反应而引发的氢脆开裂，进而导致钢管爆漏失效。

第三节　受热面热喷涂增材再造

一、受热面增材再造方法优缺点

针对受热面管道的热腐蚀及磨损问题，人们采取了多种方法来预防及治理。这些方法及优缺点如下：

（1）增设卫燃带。卫燃带一般为难熔、耐热搪瓷或耐火材料。虽然价格低廉，但在焦渣和热应力的作用下，卫燃带会出现气孔、裂纹、减薄甚至脱落，对管壁很难起到有效的防护作用。此外，卫燃带将引起管道热导率的下降，降低锅炉效率。

（2）使用护瓦。护瓦一般为不锈钢，紧固在重要管壁的表面，使管壁在低于腐蚀下限温度下使用。安装护瓦将降低热效率，易于翘起、变形，对于大面积使用成本过高。

（3）堆焊。堆焊层具有较好的耐磨、耐蚀性，但其焊层和基体易于脱离，焊层较厚，降低“四管”的热效率。同时，施工慢，难以大面积使用。

（4）应用复合管。复合管的外层为高铬合金，抗磨抗蚀性能很好，但其成本过高。

（5）表面渗铝及渗铬。渗铝管和渗铬管各自具有独特的优势，渗铝管在提高耐热性和耐腐性方面表现突出；渗铬管则在提高耐蚀性能方面比较显著，特别是在低温热腐蚀防护方面表现出色。但具有优势的同时，也存在一些不足：例如力学性能有所下降，且给焊接带来诸多不便；易在焊缝中形成气孔、夹杂、成形性变差、脱渣困难等缺陷。表面渗铝后，所形成的铝铁合金的塑性、韧性降低，在安装、运输过程中不能强力冲撞、扭弯、变形及局部过热，否则会使渗层脱落、开裂，影响使用效果。渗铬费用较高，而且渗铬需在容器中进行，因此对构件尺寸也有一定的要求，现场无法实施。

上述方法尽管在一定程度上解决了受热面管道的磨损及腐蚀问题，但是这些方法的不足限制了它们的应用。因此，人们开始选择具有优质、高效、环保特点的热喷涂方法来解决受热面管道的磨损及腐蚀问题。

二、热喷涂方法技术优势

热喷涂方法治理受热面腐蚀及磨损问题不受受热面采用何种材质的限制。无论是碳钢、低合金钢、耐热钢还是不锈钢，都可以用热喷涂方法实施增材再造。在较多的热喷涂方法中，火焰粉末喷涂、电弧喷涂和等离子喷涂都可以实现受热面管道的增材再造。近年来，热喷涂方法向高速度、高效率方向发展，所产生的高速火焰喷涂、高速电弧喷涂和高速等离子喷涂成为受热面治理的有力修复方法。高速电弧喷涂在治理受热面防腐防磨中应用比较广泛，原因是与高速等离子喷涂和高速火焰喷涂相比，高速电弧喷涂具有以下优势。

（1）性能优异。

应用高速电弧喷涂技术，可在不提高工件温度、不使用贵重底材的情况下获得高的结合强度。

（2）效率高。

单位时间内喷涂金属重量大。高速电弧喷涂的生产效率正比于电弧电流，特别适合受热面喷涂面积较大的工程实际情况。

（3）节能。

高速电弧喷涂的能源利用率为 57%，显著高于等离子喷涂的 12%以及线材火焰喷涂的 13%。

（4）经济。

除能源利用率很高之外，由于电能的价格远远低于氧气和乙炔的价格，高速电弧喷涂的使用成本通常仅为线材火焰喷涂的 1/10，设备投资一般为等离子喷涂的 1/3 以下。

（5）安全。

高速电弧喷涂使用气体为压缩空气，不包含氧气、乙炔等易燃气体，其安全性大大提高。

三、热喷涂材料分类及适用条件

根据喷涂层基体材料的不同，可以将热喷涂材料分为纯金属喷涂材料、Ni 基喷涂材料、Fe 基喷涂材料、Fe－Al 基喷涂材料等。

1. 纯金属喷涂材料

纯金属喷涂材料主要有用作装饰的 Cu 涂层材料，用作防腐蚀的 Zn 以及 Al 涂层材料。Zn 以及 Al 涂层的防腐蚀机理主要是在金属表面形成致密的金属氧化膜。同时，还可以通过阴极保护的方式使材料不被腐蚀。对于 Al 涂层来说，由于熔化了的金属铝丝在经过压缩气流雾化，高速喷射到工件表面形成涂层的过程中，形成了一层非常致密的氧化膜，而氧化膜具有自愈合能力，既能起到惰性的隔离防腐涂层作用，又能为损伤的涂层表面提供活性保护。Zn 涂层中，Zn 的电化学性好，可以通过“牺牲”自己来保护基体材料。

单一的纯金属喷涂材料很难适应受热面相对复杂的运行环境，因此在受热面管道治理工程上应用较少。

2. Ni 基喷涂材料

Ni 基喷涂材料是发展较早较为成熟的金属材料，也是目前针对受热面治理中被广泛采用的喷涂材料。例如 20 世纪 80 年代中期产生的 45CT 喷涂材料，其名义成分为（*wt*%）：43%Cr，0.1%Fe，4%Ti，其余为 Ni。该材料的热膨胀系数与碳钢管材料非常接近，大大减少了应用该涂层过程中机械剥落的可能性。合金中 Ni 含量高，使涂层的脆性降低。材料中加入 Ti 元素，使涂层的结合强度明显提高。类似的喷涂材料还有 Densys DS－200 保护涂层材料，其名义成分为（*wt*%）：75%Cr_2C_3、25%CrNi。该材料是一种金属陶瓷材料，涂层具有极低的孔隙率、非常细的晶粒、均匀的组织和较高的结合强度及硬度。此外，还具有很好的抗高温腐蚀、冲蚀性能，适于锅炉管道的防护。进入 21 世纪产生的 Ni 基 Armacor M 丝材经喷涂后，涂层构成含有非晶态组织，具有很高的耐磨性与很强的抗腐蚀性。LX34、PS45、LX88A 等喷涂材料也被广泛应用过。利用高速电弧喷涂这些 Ni 基喷涂材料，经实践检验涂层稳定可靠并对锅炉受热面具有良好的抗磨防护作用。

3. Fe 基喷涂材料

Fe 基喷涂材料主要以不锈钢合金丝作为喷涂材料，利用高速电弧喷涂方法制备热喷涂涂层，如 3Cr13、7Cr13、1Cr18Ni9Ti 等。利用高速电弧喷涂制备的 1Cr18Ni9Ti 热喷涂涂层，平均年腐蚀最大为 0.15mm，仅为 A3 钢腐蚀的 1/16，并且受焊接热影响后不会影响其抗腐蚀性能，是一种较好的防腐蚀措施。对电弧喷涂不锈钢涂层的冲蚀性能的研究表明，3Cr13 涂层的抗冲蚀性能优于 1Cr18Ni9Ti 涂层，表面磨光的涂层的抗冲蚀性能优于表面未磨光的涂层。在受热面治理中，Fe 基喷涂材料往往不单独使用，而是作为打底层与其他涂层材料联合制备复合涂层。

4. Fe－Al 基喷涂材料

Fe－Al 为有序金属间化合物，这类合金具有优良的抗氧化和抗硫化性能、多种介质中的抗腐蚀性和较高的高温强度、密度低、不含贵重合金元素、成本较低等特点，是一种潜在的理想高温结构材料。随着 Fe－Al 合金材料研究的不断深入，以 Fe－Al 系列为基体的热喷涂材料的研究也不断取得进展。利用高速电弧喷涂方法，在结构材料表面制备 Fe_3Al/WC 复合涂层并对比研究了该涂层的抗高温冲蚀性能。结果表明，高速电弧喷涂 Fe_3Al/WC 涂层具有良好的抗高温冲蚀、抗磨损和抗氧化综合性能。采用高速电弧喷涂技术，在结构材料上喷涂 Fe－Al/WC 金属间化合物复合涂层，采用数值计算方法模拟了高速电弧喷涂 Fe－Al 合金雾化熔滴的动力学和热传输过程，用数字高速摄像方法观察和分析了 Fe－Al 粉芯丝材的动态冶金过程，为这种金属间化合物复合涂层的大规模工业应用奠定了理论基础。利用高速电弧喷涂方法制备 Fe－Al/Cr_3C_2 金属间化合物复合涂层。结果表明，对 Fe－Al/Cr_3C_2 复合涂层具有较高的热震结合强度、显微硬度以及抗腐蚀性能、抗高温冲蚀性能和抗高温摩擦磨损性能。

在受热面治理过程中，综合考虑喷涂部位及运行工况，选择恰当的喷涂材料。通过大量试验研究，以一种典型超硬耐磨喷涂丝材为例进行锅炉受热面管道防磨防腐治理。超硬耐磨喷涂丝材具有超常的耐磨性能，是基于它所具有的非晶态结构和硬质相与塑性相的合理搭配。它是依据 CFB 炉受热面所经受的低角度冲蚀磨损机理而特别设计与研制的。涂层由陶瓷硬质相与金属塑性相组成，涂层具有优良的物理与力学性能：与基体的结合强度为 60.5MPa，硬度 HV0.3 达 1015，孔隙率＜1%。采用电弧喷涂能取得这种指标，表明了涂层具有非凡的特性，处于国际先进水平。涂层主要成分（%）：Mo、B、C、Fe、Al 等（含非晶态）B－C 硬质相即陶瓷相与塑性相两大组分构成，并加入放热性成分。在喷涂过程中，发生放热反应，强化涂层与基体，以及涂层间颗粒的结合。涂层由硬质相与包裹在外围的塑性相组成。坚固的硬质相具有特殊的晶形，其分布必须符合一定的体积密度要求，当外界的颗粒以一定的速度冲击到这些硬质相时，能有效地抵御外来粒子所造成的磨损效应，而塑性相则保护硬质点不会因工作的疲劳等因素被剥离。同时，涂层的微观结构与冲蚀颗粒之间有一定的配比关系，使冲蚀颗粒不对涂层产生失效，保证了涂层具有优异的耐冲蚀及磨粒磨损性能。

四、热喷涂工艺步骤及技术要求

1. 表面预处理

表面预处理根据中华人民共和国国家标准 GB 11373《热喷涂金属零部件表面的预处理》规定，采用喷砂处理。

首先用精制石英砂处理，使待喷涂工件表面清洁度达到 S_a3，即完全去除氧化皮、锈、污垢等附着物，同时进行表面粗糙化处理，表面粗糙度达到 R_z80～120um。预处理质量的好坏，对涂层的附着力、外观、涂层的性能等方面有影响。预处理工作做得不好，锈蚀仍会在涂层下继续蔓延，使涂层成片脱落。

喷砂是采用压缩空气为动力形成高速喷射束，将喷料（铜矿砂、石英砂、铁砂、海砂、金刚砂等）等高速喷射到需处理工件表面，使工件的外表面发生变化。由于磨料对工件表面的冲击和切削作用，使工件表面获得一定的清洁度和不同的粗糙度，让工件表面的机械性能得到改善。因此提高了工件的抗疲劳性，增加了它和涂层之间的附着力，提高涂层的结合强度。

喷砂使用的压缩空气必须干燥、无油，喷砂机喷口处压力为 0.5～0.7MPa，磨料的喷射方式与工作面法线之间的夹角一般取 15°（不能超过 30°），喷砂嘴到工件的距离一般为 100～150mm。操作时应注意除喷砂操作人员外应设有监护人，负责开气、关气等。表面预处理后的工件应在 12h 内完成喷涂工作。

2. 喷涂工艺

喷涂工艺参数应在要求的范围内控制和调节，保持调节规范的稳定性。喷涂工艺参数：电喷涂电流 50～350A；电喷涂电压 36～39V；主压缩空气压力 0.5～0.7MPa；喷涂距离 100～150mm；涂层厚度 0.8～1.0mm。

在喷涂过程中，采用“井”字形喷涂方式，保证涂层厚度均匀，防止出现漏喷现象。喷涂过程中如出现送丝不稳定，应立即停止，检查送丝导电嘴是否需要更换，送丝管安装是否牢固。喷涂过程中应设工作监护人，负责观察送丝机的送丝情况，防止丝材打结造成短路。

3. 封孔处理

喷涂完成后，采用抗高温耐磨封孔剂立即进行封孔处理，以形成性能优异的复合涂层。

4. 涂层检验

受热面热喷涂时，现场实施的有效检测手段是检测涂层厚度和硬度。除了尺寸公差以外，涂层厚度在磨损、腐蚀过程中都是非常重要的参数并与经济价值有关。受热面涂层厚度均大于 3μm，通常采用卡尺、量规和重力仪来测量厚度。对喷涂试样进行表面磨光后，就可以进行硬度试验。试验时，可根据喷涂层的性能和试样的具体情况，分别选用布氏硬度计、洛氏硬度计和维氏硬度计。布氏硬度试验适用于喷涂层较厚（大于 1mm）而且面积较大的试样。同样，洛氏硬度试验由于所用负荷较大，也不宜用于测定极薄的喷涂层。在喷涂层厚度不够时，需用维氏硬度试验，然后换算为一般硬度值。

五、受热面热喷涂增材再造效果

经过高速电弧喷涂修复后的锅炉受热面，应达到以下技术指标：喷涂涂层厚度 0.8mm；涂层结合强度≥55MPa；涂层硬度 HRC55～65；涂层孔隙率≤0.9%。

喷涂层表面应平整、光洁、致密、不起尘和不鼓泡，基材不变形。喷涂后不影响受热面传热，不影响原受热面管材的理化性能。热喷涂是受热面表面强化的有效技术手段（见图 6－33），经过热喷涂强化后的受热面见图 6－34。

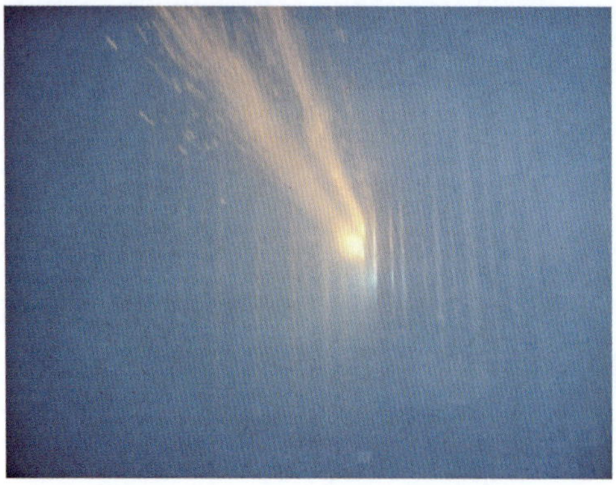

图 6－33　受热面喷涂进行中

图 6－34　受热面喷涂后效果

第七章

电力典型转动部件增材再造

在电力转动部件中，汽轮发电机主轴、汽轮机动静叶片、各类传动轴、磨煤辊、风机叶轮叶片等部件较为典型。这些典型转动部件的增材再造方法为其他转动部件的治理也提供了重要参考。本章主要阐述了采用电弧喷涂技术、电刷镀技术、电火花表面强化技术修复轴的工艺要点，采用手工电弧堆焊和自动明弧堆焊联合修复磨煤辊，采用堆焊和热喷涂集合修复风机叶片等。为技术人员增材再造电力典型转动部件提供技术参考。

第一节　轴 的 增 材 再 造

一、轴的概述

轴是电站典型且使用较多的金属零（部）件，主要作用是支承传动零件和传递运动及动力。轴在使用过程中，轴因逐渐磨损而使尺寸超出公差范围或局部划伤造成密封不严，从而造成整个轴失效。运用表面技术对轴磨损实施修复，使失效的轴恢复其使用性能，可以为电站节约购买新轴所产生的费用，还可以为电站节约下购买新轴的等待时间，具有非常大的工程实际意义。在针对轴实施表面强化的方法中，电弧喷涂、电刷镀、电火花表面强化这三种表面技术应用非常广泛。

二、焊接修复发电机大轴

1. 技术特点

某电厂 300MW 汽轮发电机，转轴由整锻高强度、高磁导率合金钢加工而成。转子本体上加工有放置励磁绕组的轴向槽，本体同时作为磁路。转子具有传递扭矩、承受事故状态下的扭矩和高速旋转产生的巨大离心力的能力。转子锻件根据有关标准和规范订货，同时应对锻件的化学成分、机械性能、磁性能进行测试并进行超声波探伤均为合格。转子大齿上加工横向槽，用于均衡大、小齿方向的刚度，以避免由于它们之间的较大差异而产生倍频振动。2023 年 6 月，机组检修时发现发电机转轴轴径因异物划伤，遍布沟槽和凹坑，影响正常运行，需实施增材再造修复。

2. 工艺要点

（1）堆焊方法选择微弧等离子堆焊。与激光熔覆、脉冲闪焊、电火花表面强化等方法相比，微弧等离子堆焊利用等离子弧作为高温热源，采用粉末状或丝极作为填充金属。其优点有：热量集中；焊缝稀释率低、焊接热影响区小；焊接变形小；易于实现自动化。

（2）焊接工艺流程：转子就位，设备启动→在引弧板上试焊，确认参数→按操作指导书逐道逐层堆焊→现场履带局部热处理→堆焊另一端轴颈→现场履带局部热处理→测量转子变形量→加工堆焊区→PT 检查。

（3）注意事项：堆焊材料仍选择转子轴颈堆焊材料；微弧等离子设备配备的焊矩可以手工操作，经过试验，焊接操作灵活，熔合良好，焊层质量较好，对于有沟槽部位亦可操作；焊后热处理可采用履带加热器对补焊部位进行跟踪热处理。转子加工采用钳工现场打磨、抛光方式，后期若转子修复量大，可以开发或采购现场轴类零件加工工装。

3. 治理结果

经修复后的汽轮发电机转轴轴径如图 7－1、图 7－2 所示，经返装实践运行检验，符合各项指标要求，汽轮发电机大轴运转正常。

图 7－1　堆焊后进行打磨的汽轮发电机大轴

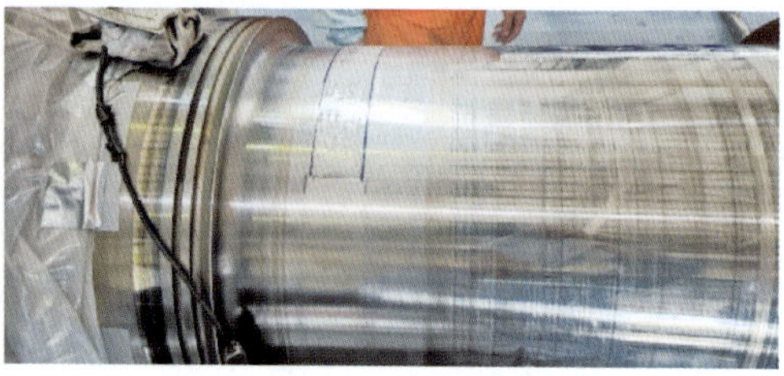

图 7－2　经打磨后的汽轮发电机大轴

三、电弧喷涂修复传动轴磨损

1. 工艺要点

首先用车床将轴表面疲劳层车掉，并将轴表面车出近似螺纹的形状，以增加涂层与基体的结合能力。采用高速电弧喷涂系统对轴表面实施修复。工艺参数：电压 30～32V，电流：175～180A，空气压力 0.43～0.45MPa，距离 280mm～300mm。喷涂材料为含 Fe、Cr、Ni 合金丝，喷涂后的涂层截面的金相组织见图 7－3。从图 7－3 中可以看出，电弧喷涂涂层与基体之间主要是机械结合，涂层具有典型的层状结构。从涂层截面中不仅可以看出孔隙、未熔化的颗粒、层与层之间的界面裂纹，也可以看到在涂层表面存在一些细小的层裂。扁平颗粒间结合较好，扁平层与层之间存在薄的氧化物层。涂层的孔隙具有储油作用，有助于润滑修复后的轴。

2. 治理结果

某电厂磨煤机拉杆轴，轴均匀磨损减薄 1.2mm，采用电弧喷涂方法进行修复。修复前，采用机加工的方法车去表面厚度约 0.2mm 的疲劳层，采用喷砂的方法进行表面处理。选用粒度为 250μm 的棕刚玉砂粒，与轴的修复表面呈 45° 夹角，距离 200mm，空气压力 0.4MPa，对已经车去疲劳层的待修复轴表面喷砂处理。使待喷涂工件表面清洁度达到 S_a3，即完全去除氧化皮、锈、污垢等附着物，同时进行表面粗糙化处理，表面粗糙度达到 R_z80～120um。在喷涂过程中，采用一字型往复喷涂方式，喷涂参数严格按照推荐工艺实施，保证涂层厚度均匀，防止出现漏喷现象。经电弧喷涂修复后的轴如图 7－4 所示，涂层厚度 1.8mm，磨削至需要尺寸，交付厂家使用。

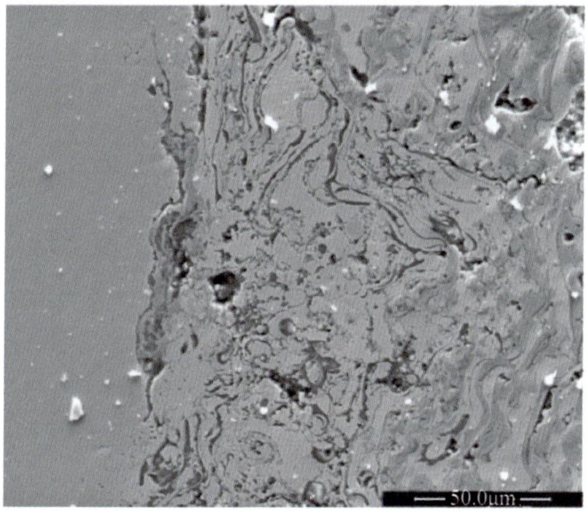

图 7－3 电弧喷涂涂层截面金相组织

图 7－4 电弧喷涂修复后的轴

四、电刷镀修复轴磨损

1. 技术特点

电刷镀技术是应用电化学沉积原理，在能导电的工件表面的选定部位快速沉积指定厚度镀层的表面技术。与传统工艺相比，电刷镀技术具备工艺灵活、操作方便、适应范围广等特点。基于这些特点，电刷镀技术在轴类表面修复中的应用非常广泛。利用电刷镀技术进行轴类修复具有以下特点：

（1）热输入较小，不易引起轴类的变形；

（2）待修复轴类在镀笔固定的情况下匀速旋转，容易获得厚度均匀的镀层；

（3）刷镀层表面精度较高，减少了后续的加工量。

实际应用过程中，选择正确的镀液，配合恰当的工艺，进而获得良好的刷镀层组织是修复成功实施的关键。

2. 工艺要点

通过试验选择出电刷镀技术修复碳钢轴的最佳工艺参数，在最佳工艺参数的指导下进行刷镀，并对刷镀层的组织进行观察分析，为电刷镀技术在轴类修复中的应用提供技术及理论支持。镀液按刷镀先后顺序确定为电净液、1 号活化液、2 号活化液、特殊镍溶液、高浓度镍溶液。

（1）表面准备。

表面准备主要是通过化学及机械的办法去除待刷镀表面的以及邻近和相关部位的油、锈，以获得一个无油、无氧化膜以及其他影响镀层与基体结合强度的一切杂质的洁净表面。

（2）刷镀。

刷镀主要是在表面准备充分的前提下，在待修复表面逐次将电净液、活化液及镀液进行刷镀，以获得满足需要的高性能修复层。根据工件及其运行工况特点，选择电净液进行轴表面电净处理，选择 1 号活化液、2 号活化液进行表面活化处理，选择特殊镍溶液作为过渡层，选择高浓度镍溶液作为沉积层。

通过反复调整，根据现场实际刷镀效果，确定了最佳工艺参数见表 7－1。

表 7－1　　电刷镀最佳工艺参数

溶液类型	电压（V）	时间（s）	极性
电净液	10～12	8	正
1 号活化液	12～15	3	反
2 号活化液	18～20	50	反
特殊镍溶液	15～18	60	正
高浓度镍溶液	12～15	7200	正

3. 治理结果

电刷镀镀层及接合处的金相组织如图 7－5 所示。从图中可以看出，沿刷镀层生长方向镀层比较致密。图中白亮色为镀层，垂直于镀层生长方向的黑色部分为不同刷镀层之间经强腐蚀剂腐蚀后出现的分界线，平行于镀层生长方向的黑色为孔洞。这些孔洞具有储油作用，当运用该技术修复轴类配合面时，这些孔洞储存的润滑油对配合面的润滑将起到有益作用。经刷镀后的轴表面组织基本没有变化。因此，利用电刷镀技术对被刷镀表面造成的热影响区非常小，甚至可以忽略不计，表明该技术是一种不破坏基体表面组织的表面修复技术。

某型风机主轴配合面，由于磨损，配合面由原来的直径 59.80mm 磨损至 58.84mm。采用上述最佳工艺参数配比，在完成表面准备并镀覆过渡层的表面上，根据刷镀零件的技术要求、工况、经济成本等选择镀液类型来完成预定的刷镀作业。轴的原始尺寸为 ϕ58.84mm，经过刷镀后尺寸为 ϕ59.88mm。根据轴尺寸及配合要求，刷镀后的轴磨削至 59.80mm，镀层厚度 0.48mm（见图 7－6）。

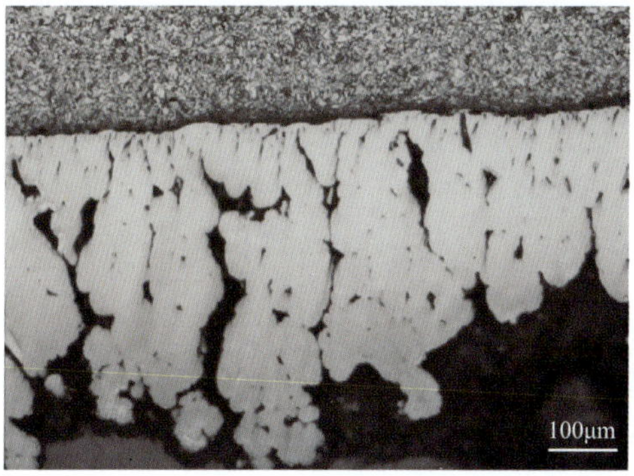

图 7－5　电刷镀截面金相组织

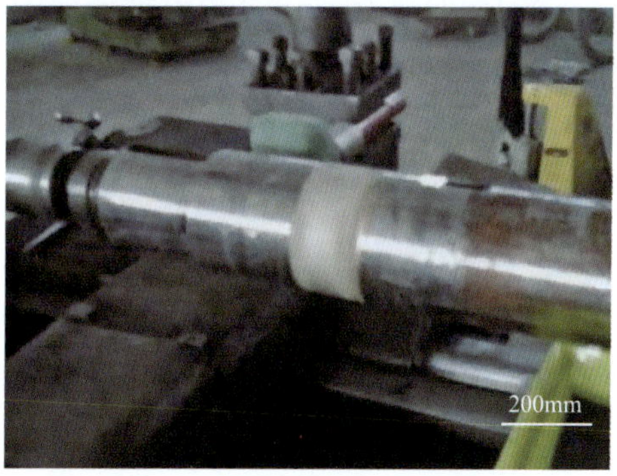

图 7－6　经电刷镀修复后的轴

五、电火花表面强化治理轴磨损

1. 技术特点

电火花表面强化是将需要沉积的材料做成电极，利用电极在基材表面旋转，电源在电极与基材相接触的很小的区域内瞬间（1×10^{-6}～1×10^{-5}s）通过高密度电流（1×10^{5}～1×10^{6}A/cm^2），时间短空间小使得放电能量高度集中，在很小的范围内产生了 5000～25000K 的高温，使放电区域内的材料高能离子化，电极高速转移到基材表面，并扩散到基材表层，从而形成具有冶金结合的沉积层。电火花表面强化在电力轴类的擦伤、划伤等表面修复中的应用非常广泛。利用电火花堆焊进行轴类修复时，选择正确的工艺，合金元素过渡均匀，进而获得良好的堆焊层组织及性能是修复成功实施的关键。

2. 工艺要点

工艺参数：电压 120V，电流 6A，频率 46Hz。修复轴之前，先将缺陷打磨处理成宽 10mm，深 2mm，长度约为整个轴外圆的 1/4，然后对轴的表面进行检查，看是否有影响电火花表面强化效果的油污、氧化皮、油脂等。如果表面存在油漆，则要用金属油污清洗剂对轴表面的油污进行清洗；如果存在氧化皮，则要用细锉轻轻去除轴表面的氧化皮；如果存在油脂，则要用丙酮清洗干净。表面油污、氧化皮、油脂清理干净后，用砂纸轻轻打磨轴的表面直至露出金属光泽。表面检查处理结束后，可以进行电火花表面强化的实际操作。检查电火花表面强化设备的电路和气路是否可靠连接并保持畅通，确认安全后，接通电火花表面强化设备的电源和气源。将电极在焊枪上夹紧、夹正，保证电极处在枪头的中心部位，若出现电极偏心的情况应及时予以纠正。调整电火花表面强化设备的相关参数，保证电源的输出功率、输出频率和氩气流量。电极均匀在轴缺陷表面移动，形成致密均匀的堆焊层。电极与轴的表面之间不宜按压太紧，防止电极与轴表面直接短路产生不了火花。电极与轴表面的夹角以 30°～40°为宜，电极左右摆动的摆幅以

10～40mm 为宜，摆动的速度均匀且保证沉积层能够覆盖轴缺陷表面。在电火花表面强化的过程中应时刻观察修复后的轴表面的情况，出现凹坑应及时进行补充沉积；如果出现比较尖锐的高点，应及时用锉刀或锤击的方式进行消除。

3. 治理效果

堆焊层的金相组织见图 7－7。图 7－7 中下方白亮色为含有 Fe、Cr、Ni 元素的沉积层。电火花表面强化所获得的沉积层组织相对均匀致密，基本没有喷涂层的孔洞和刷镀层的裂纹等缺陷，合金元素在沉积层和基材之间是均匀过渡的。从金相组织上看过渡层呈黑色，主要原因是在电火花沉积的高温高能状态下，细小的马氏体表面析出细小的碳化物，经过金相腐蚀液体腐蚀后变黑。整体上看沉积层与母材在电火花放电能量下熔化发生了冶金反应，沉积层与母材以冶金结合方式进行。

某电厂风机主轴，运行过程中磨损出沟槽。经电火花表面强化修复后的轴如图 7－8 所示，表面经过打磨、研磨处理后交付厂家使用。

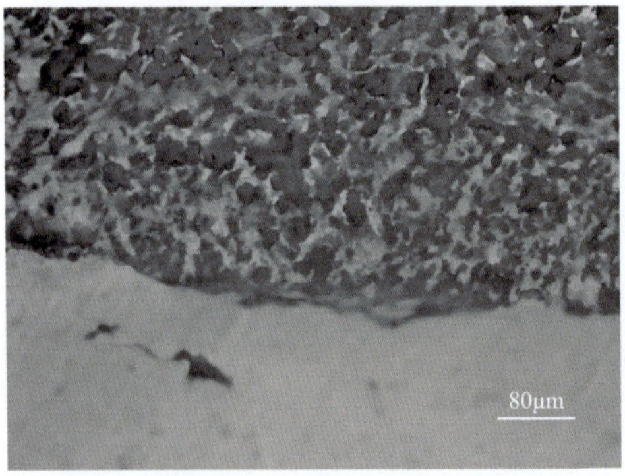

图 7－7　电火花表面强化堆焊层金相组织

图 7－8　电火花表面强化修复后的轴

六、轴治理方法综合对比

综合对比三种治理轴磨损的表面工程技术，在修复轴磨损时表现出不同的特点。

1. 电弧喷涂技术的优点

（1）涂层制备效率高。电弧喷涂所用喷涂材料为粉芯或实芯丝材，在电弧热的作用下，焊丝被快速熔化，经压缩空气雾化后喷到基体表面形成涂层，较电刷镀和电火花表面强化效率高出许多。

（2）能耗低，能源利用率高。电弧喷涂的电弧热直接作用于喷涂丝材端部熔化金属，能源的消耗较低，能源的利用率可达 90%以上。这种低能耗除降低成本外，还能够获得比较厚的涂层，也可以在熔点比较低的基材表面实施喷涂。

（3）可以获得“伪合金”涂层。两根成分不同的合金丝同样可以利用电弧喷涂，在基材表面获得一些易得到甚至冶金手段无法获得的“伪合金”涂层。“伪合金”涂层中可能存在少量的金属间化合物，可以综合两种不同成分合金丝的性能，“伪合金”涂层的性能比较好，这是通过其他两种方法无法直接得到的。

2. 电刷镀技术的优点

（1）材料利用率高。电刷镀所用镀液没有电弧喷涂的飞溅和电火花表面强化的烧损，而且镀液收集起来可重复使用，提高了材料的利用率。

（2）电刷镀使镀笔固定不动。被修复的轴在专用机具的带动下匀速转动，这样比较容易获得厚度均匀的刷镀层，保证了镀层表面具有比较高的精度，基本不用后续的磨削加工。

（3）作业环境较好。电刷镀不会产生电弧喷涂的粉尘、飞溅和电火花表面强化的弧光，因此在正确工艺下实施作业对环境的影响较小。

3. 电火花表面强化技术的优点

（1）修复磨损的类型更多。电弧喷涂和电刷镀更适合处理轴均匀磨损的缺陷，对于磨损产生的点状或沟槽缺陷修复起来相对局限，而电火花表面强化可修复包括点状缺陷或沟槽缺陷在内的所有磨损。

（2）结合强度高。与电弧喷涂涂层与基体之间的机械结合以及电刷镀镀层与基体的机械结合＋范德华力结合的方式相比，电火花表面强化与母材冶金结合，结合强度较高且涂层细密、一致性好。

（3）设备移动性好。电火花表面强化的设备体积小，便于携带和移动，特别适合大型轴的在线修复。

同时，三种表面技术在修复轴时又分别有各自的局限，限制了该表面技术只能在一定的范围内适用。电弧喷涂涂层与轴之间以机械结合为主，当涂层厚度超过一定范围（一般是 2mm 以上），在强烈震动或冲击的作用下可能会造成涂层的脱落；涂层表面修复后需要磨削加工，磨削耐磨涂层的工作量较大；不太适合沟槽修复。刷镀层与轴之间是机械结合＋范德华力结合，当涂层的厚度超过一定范围时，刷镀层的厚度增加缓慢，轴修复刷镀层不能超过一定范围（一般是 0.5mm 以下）；不太适合沟槽修复。电火花表面强化效率较低，不适合轴大面积均匀磨损修复；堆焊层同样需要后续加工，增加了工艺的复杂性。

第二节　磨煤辊增材再造

一、磨煤辊概述

磨煤机是火力发电厂的重要设备之一，而磨煤辊又是磨煤机的关键部件，其质量的优劣，特别是耐磨性能直接影响到制粉的作业率、煤粉质量、磨辊消耗和生产成本。因此，国内外都在改进磨煤辊材料、延长使用寿命方面进行了大量的工作。但是，任何磨煤辊材料，在制粉工况条件下，都有较为严重的磨损。磨煤辊在一定程度的磨损范围内，仍能正常工作，当磨损达到某一限度后，外圆过小即报废。我国火力发电厂的磨煤机磨煤辊大都采用高铬耐磨钢、高铬铸铁等高碳高铬材料制成，它们在一定温度下具有较好的耐磨性，故在国内各发电厂应用较广泛。但是，其生产需有炼钢、铸造、热处理、机加工等加工工序，生产周期长，废品率高，而且一次购买所占用的资金大。近年来，国内外都在大力研究复合铸铁、离心浇铸及堆焊磨煤辊等工艺。其目的就是制造一种新的复合磨煤辊，使磨煤辊基体与工作表面分别满足于磨煤时的抗冲击、耐磨损等性能的要求。采用磨煤辊表面堆焊也成为国内外制造、修复磨煤辊及提高磨煤辊使用寿命的一个主要发展方向和手段。堆焊是用电焊或气焊法把金属熔化，堆在工具或机器零件上的焊接方法。堆焊作为材料表面改性的一种经济而快速的工艺方法，越来越广泛地应用于各个工业部门零件的制造及修复中。

二、磨煤辊堆焊前质量准备

为了确保成功的堆焊，应对每一个只磨损待堆焊的磨煤辊都进行仔细的检查，避免存在有严重的隐患。在准备开始堆焊之前，首先用肉眼观察待堆焊的磨煤辊表面是否有明显的裂纹，或者是否存在因铸造的缺陷在运行后出现的块状脱落或凹坑，如果有应分析原因，得出结论，并提出实施方案后再继续。磨煤辊中间出现了孔洞破损（见图 7-9），需要进行补焊处理，补焊过程及经补焊处理的磨煤辊见图 7-10、图 7-11。在用肉眼不能明显看出是否有缺陷的情况下，可使用锤击的方法来判断。使用尖锤在磨煤辊的表面锤击，听发出的声音来判断，如果磨煤辊发出高频率清脆悦耳的声音，说明磨煤辊没有明显缺陷，可以堆焊；但是发出低频率沉闷沙哑的声音时，表明内部一定有缺陷，应先找到缺陷，分析原因，得出结论然后再具体实施。使用以上两种方法没有发现缺陷，为了确保万无一失采用第三种方法再对磨煤辊检测，使用专门的焊接探伤用金属探伤剂。具体操作为首先用钢丝刷把磨煤辊表面的铁锈清理干净，清除粉尘；其次把金属探伤剂中的清洗剂摇晃均匀，直接喷在该处，等待风化干；再次把金属探伤剂中的着色剂

图 7-9 磨煤辊堆焊焊前状态

图 7-10 磨煤辊孔洞手工电弧焊补焊

喷在清洗过的位置上；最后把金属探伤剂中的渗透剂再喷在着色剂的位置上，应无明显的变化，没有裂纹。或者利用所示的磁粉探伤方法对没有孔洞的磨煤辊实施探伤（见图 7－12）。

图 7－11 磨煤辊孔洞手工电弧补焊效果

图 7－12 利用磁粉对磨煤辊表面实施探伤

三、磨煤辊堆焊前工艺准备

（1）首先检查焊接主电源连接是否完好，可以开启电源，检查电流电压表显示是否正常，冷却风机转动是否正常；

（2）检查焊接程序控制系统（柜）可以先开启电源，查看各个功能单元指示灯显示是否存在问题，逐个按动功能按钮，检查动作是否灵活；

（3）在控制系统（柜）电源开启时，按动焊接操作架横臂各个功能按钮，查看横臂的前后伸缩、上升下降功能是否灵活；

（4）在控制系统（柜）电源开启时，按动焊接变位机工作台进行翻上翻下及正反旋的功能按钮，查看是否运转灵活；

（5）检查水冷装置内的冷却液位置，确保冷却液在警戒水位线以上；

（6）检查焊接机头各主要功能单元连接是否完好，包括电动十字划架、送丝机、水冷焊枪以及防护罩的安装是否完好；

（7）检查一切完好以后开始下一步工作，磨煤辊的吊装；

（8）在以上工作步骤结束以后开始吊装磨煤辊，首先检查磨煤辊工装、配套数量、螺纹是否完好等；

（9）如果没有问题，先把磨煤辊工装底部的支撑板与磨煤辊工装压盖连接螺杆安装在工作台的合适位置，确定中心，拧紧所有螺丝；

（10）把起吊装置放在磨煤辊腔内中心位置，把钢丝绳等起吊设备连接好；

（11）正确安全使用航车，把磨煤辊慢慢升起，缓缓放下，平稳地放在工装的底部支撑板上，固定滑块的外面，确保中心不偏离；

（12）把工装的压盖盖在磨煤辊的凹槽上，拧上螺丝并紧固。

四、磨煤辊堆焊前工艺要点

（1）焊接电流：500A；焊接电压：32～35V；焊丝净伸长：30～35mm；焊接速度：850～900mm/min；焊接重叠率：45%。

（2）磨煤辊堆焊前最低温度大于或等于 16℃，在整个堆焊过程中，层间温度应控制在 150～200℃。

（3）补层要有适当的横向裂纹，保持在 10～20mm，以释放焊接应力。用单向焊接方式自动堆焊 1～3 层，作为打底层。以自动焊接方式堆焊所需要的尺寸。

（4）焊前预热：开启变位机，磨煤辊处于垂直位置，用 2 把氧－乙炔枪一起加热，同时让磨煤辊作快速的运转，预计加热到 80℃左右停止，让磨煤辊内外温度基本均匀。（以上要求仅限于冬季堆焊，室内温度在 10℃以下时，堆焊车间室内温度要求在 10℃以上。）

（5）调整焊接位置：通过变位机工作台的翻上翻下，焊接操作架横臂的上升下降功能，使安装在横臂前端的焊接机头与待堆焊磨煤辊处于一个最佳焊接位置，焊接机头应左偏磨煤辊中心线 5～7mm。

（6）接通焊接电源：待磨煤辊温度在 80℃左右时，合上总电源开关，开启焊接电源开关，启动焊机。

（7）调整焊丝位置：使焊丝伸出 30～35mm，启动焊接变位机，使焊丝与工件刮擦起弧，焊接开始。

（8）堆焊过渡层电弧稳定以后，开始堆焊过渡层，最好由磨煤辊的外缘向里堆焊，焊完一道后再堆焊第二道，下一道焊缝应该覆盖前一道的 30%，堆焊过程中应该控制焊层的温度等。

（9）堆焊耐磨层堆焊的次数不限，以符合磨煤辊的尺寸标准为准。

（10）焊接过程中使用标准检验卡具检验是否达到技术要求的外形尺寸。

（11）尺寸合格后，按焊停按钮，堆焊结束。

磨煤辊堆焊治理过程及治理后的状态见图 7－13、图 7－14。

图 7－13　磨煤辊堆焊治理进行中

图 7－14　磨煤辊堆焊治理后的状态

五、磨煤辊堆焊效果检测

1. 堆焊治理过程中的检测

在磨煤辊堆焊过程中随着堆焊层不断增加，磨煤辊形状的成型，可以选择一个间断时间内的检测。正确使用专用磨煤辊卡具，上下的位置卡在适当的磨煤辊内腔轴承内壁边缘，测量最佳堆焊位置。

2. 堆焊治理后检测

磨煤辊堆焊基本结束以后，使用卡具测量和用量具测量堆焊的磨煤辊的周长，确定是否已经满足使用要求，在技术要求的公差以内视为合格。

采用堆焊技术对磨煤辊实施治理，恢复其使用性能，可为火电厂节约更换磨煤辊所带来的投入，同时，堆焊治理的磨煤辊具有较高经济附加值，为企业带来可观经济效益。将失效的磨煤辊实施修复进而恢复其使用性能，符合国家节能降耗的产业政策。拥有自主知识产权的耐磨堆焊焊丝价格低廉，耐磨性能显著高于其他同类产品，具有较高的性价比。

第三节 风机叶轮叶片增材再造

一、风机叶轮概述

风机是火力发电厂锅炉的主要辅机设备之一，其运行状况正常与否，设备健康水平的高低，直接影响着机组的安全。合理选择风机材料，延长其使用时间，减少因风机故障引起的计划外停机事故的发生，对于电厂的安全经济运行有着十分重要的意义。风机种类很多，如锅炉引、送风机，一、二次风机，排粉风机，烟气再循环风机，等等。风机的类型主要有离心式、轴流式、混流式等几种，其中使用最多的是离心式风机。

锅炉风机工作条件一般较为恶劣，多数风机都是在含尘量大、除尘效果差、环境温度高的条件下工作。叶轮、叶片等部件在高速旋转中承受粉尘冲刷，磨损相当严重，工作寿命很短，经常造成停机事故发生。

风机在含尘量大的气体中运行，除磨损外还会造成积垢，使转子运行失衡，振动加剧，严重者会造成甩叶轮或断轴等故障。风机排送或输送的气体往往还含有强烈的腐蚀性介质，特别是锅炉烟气中含有害气体，会造成风机部件的严重腐蚀。

二、风机叶轮叶片磨损失效

某厂 1 号炉引风机，输送介质为烟气，介质最高温度一般不超过 200℃，通常在运行中要求含尘量不得超过 300mg/m^3。为延长风机的使用寿命和确保安全运行，在引风机前必须加装高效除尘装置，以保证进入引风机的烟气含尘量为最小。为减少叶片的磨损，要求除尘器的效果不得低于85%。风机叶轮采用后向板型叶片、双进气结构，主要是为了消除轴向推力。在实际运行过程中，引风机的叶轮尤其叶片部分会产生磨损。通过对该厂引风机叶轮的磨损情况进行观察，发现其磨损较为严重的区域为叶轮工作面的中心部位（见图7－15）和叶轮的内侧靠近大轴的一面（见图7－16）。

图7－15　叶轮工作面中心部位

图7－16　叶轮内侧靠近大轴部位

三、风机叶轮叶片磨损治理工艺

叶轮是风机的重要转动部件，因此，修复过程中除考虑修复后叶轮的抗磨效果外，还应考虑叶轮的变形问题，即修复不能对叶轮产生较大变形以影响其动平衡。

在对叶轮整体单独进行较大范围的堆焊或采用喷焊方法进行防磨处理时，因热输入量大，工件受热不均所形成的热应力，会诱发叶轮产生变形；采用粘涂耐磨层和镶嵌陶瓷，因其物理性能、结合强度及结构形式的限制，当叶轮在一定温度下高速旋转时，易脱落和发生崩裂。

经过大量的试验室试验并结合现场实践，采用补焊加高速电弧喷涂的方法对风机叶轮进行防磨处理。把焊接这一热态防磨方法与热喷涂这一冷态防磨方法结合起来对叶轮实施的防磨处理，取得了良好效果。

1. 堆焊

工艺是影响堆焊质量的重要因素。根据对叶轮的转动要求，堆焊叶轮的工艺重点应在减少焊后变形方面。

堆焊后的叶轮，在验收时不仅需作静、动平衡试验，还需各表面的尺寸、形状及位置满足偏差要求。由于堆焊会使叶轮受热不均匀，产生焊接应力，导致焊接变形等，故还需采取适当工艺措施，才能把叶轮变形控制在公差范围内。

在堆焊时采取了以下工艺措施：

（1）保证焊接顺序。

在每一叶片上堆焊完一块粉块后，转动叶轮，在对称叶片相应位置，堆焊另一粉块。

如此循环往复，直至把各叶片堆焊完毕。以此顺序堆焊，可使叶轮前、后盘均匀收缩，并可避免热应力过于集中，减少焊接变形。

（2）锤击焊缝。

叶轮变形是由于堆焊层在冷却过程中发生纵向、横向收缩造成的。每堆焊完一粉块，用小锤轻击，延展堆焊层，可补偿部分收缩量，减少变形。

（3）减少线能量。

减小线能量能使叶片受到的热输入量减少，热应力变小。这与降低稀释率的要求是一致的。

2. 喷涂

堆焊完成后，对堆焊层表面焊渣进行清理，对叶轮叶片表面进行喷砂糙化处理。采用高速电弧喷涂方法进行喷涂治理，喷涂材料选用超硬耐磨喷涂丝材。工艺参数：电喷涂电流 180～220A；电喷涂电压 30～31V；主压缩空气压力 0.5～0.7MPa；喷涂距离 130～180mm；涂层厚度 0.8～1.0mm。

3. 检验

（1）硬度指标。

根据有色冶金标准 YS/T 541—2006《金属热喷涂层表面洛氏硬度试验方法》的规定，试样尺寸为$\phi 30\times 20$mm，经表面处理后，喷涂 1mm 厚涂层，经过镶样、磨金相、抛光、腐蚀（4%硝酸酒精）处理，在表面洛氏硬度计进行表面洛氏硬度测试 HRC63.2。

（2）耐磨指标。

根据叶轮叶片磨损形式主要为磨粒磨损和冲蚀磨损两种情况进行了磨损试验，磨粒磨损试验设备为橡胶轮式磨损试验机，试样尺寸为 57mm × 25.5mm × 6mm，其中磨损面为 57mm × 25.5mm，涂层厚度为 2mm，试验选用两种磨料：干砂和湿砂（石英砂），湿砂磨损载荷（正压力）为 7kg，主轴转速为 240r/min，磨程为先预磨 1000r，正式磨 2000r。干砂磨损载荷（正压力）为 10kg，磨程为 1000r，对比试样为 20g 钢。结果表明涂层是 20g 钢平均耐磨性的 27 倍，最小相对耐磨性的 25 倍，最大相对耐磨性的 30 倍。

（3）涂层结合强度指标。

在电站锅炉管道复杂的运行环境下，要求喷涂层具有较高的结合强度，才能防止出现涂层起皮、剥落，从而导致涂层失效的后果，内蒙古电力科学研究院表面工程技术研究所采用的喷涂材料具有较高的结合强度，完全可以满足现场使用要求。

根据 GB/T 8642—2002《热喷涂 抗拉结合强度的测定》的规定，试样尺寸为$\phi 25$，喷涂 0.3～0.5mm 厚涂层，采用对偶试件拉伸法，结合强度值 52.25MPa。

（4）涂层的热震性能指标。

在 800℃、10 次热冲击下，涂层无明显宏观缺陷，其抗热震性能优异。

（5）涂层的显微组织。

由硬质陶瓷相与塑性相两部分组成，在硬质陶瓷相中含有 TiB_2 等，提供耐磨所必需的高硬质点，而塑性相则保护硬质点不会因工作的疲劳等因素被“剥离”。

四、风机叶轮叶片磨损治理效果

通过对某厂 1 号炉引风机叶轮的耐磨堆焊和喷涂修复，修复后的叶轮如图 7－17、图 7－18 所示。在同等工况条件下，修复后的引风机叶轮耐磨性较修复前提高 2～3 倍。实际应用中，将有效地延长引风机叶轮的使用寿命，值得大力推广。

图 7－17　喷涂后的叶轮工作面

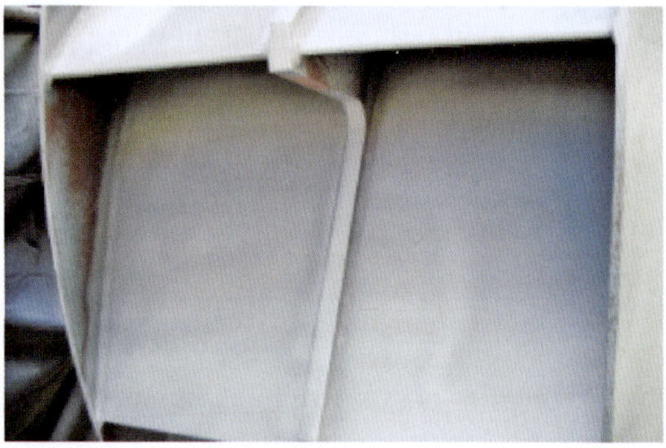

图 7－18　喷涂后的叶轮叶片内侧

第四节　汽轮机动叶片增材再造

一、汽轮机动叶片概述

以某 300MW 机组为例，高、中压部分隔板的工作温度均在 350℃以上，为适应高温工作条件，隔板都采用焊接结构。高压 2～5 级静叶采用分流叶栅，高压 6～9 级和中压各级采用自带冠的弯曲叶片。

隔板汽封采用椭圆汽封，这样既可保证安全性又可减少汽封漏汽量。动叶采用自带冠结构，叶冠顶部设置了径向汽封，动叶根部设置了根部汽封。所有隔板的中分面都用螺栓紧固，以利于提高隔板整体刚性和中分面的汽密性。

低压部分正反向共 8 副隔板。第 1～3 级采用自带冠静叶焊接结构，末级采用直焊式结构，其中末级板体及外环采用钢板拼焊结构。低压第 1 级静叶为弯曲叶型，低压 2～4 级静叶为弯扭叶型，静叶出汽边修薄到 0.38mm。低压 1～4 级隔板汽封、端汽封及 1～3 级隔板径向汽封采用铜汽封。所有隔板中分面都用螺栓紧固。

动叶片设计中采用了一系列新技术和新的设计思想，使气动、振动和强度方面的水平有较大的提高。

为了改善经济性和变工况性能，在参数高、焓降大、工况恶劣的调节级上，采用了高可靠性、高效率的三胞胎 3 销钉整体围带叶片，高压第 2～9 级、中压第 1～7 级动叶采用日立平衡叶型，自带冠结构，叶顶五齿汽封。低压部分为斜围带，构成高效光滑子午面流道。低压末级采用具有高可靠性、高效率的 661 叶片。

根据现代汽轮机的设计思想，采用了粗壮可靠的大刚性叶根，强度设计时直接考核相对动应力，引入调频和不调频叶片的动强度安全准则。

本机组动叶轴向宽度大，叶片和叶根刚性好，调节级的三胞胎 3 销钉叶片为 3 叉形叶根，低压末级 661 叶片为 7 叉形叶根，其余各级高压部分为倒 T 型叶根，中压 1～5 级为双倒 T 型叶根，中压 6、7 级和低压 1～3 级为外包菌型叶根。低压 1～3 级动叶片采用自带冠结构，以满足强度要求。末级穿有拉筋，以提高抗振动能力。

在设计时各级动叶片均调开共振，满足调频叶片对频率避开率的要求，实际动应力很小，具有优良的振动安全性。

为防止水蚀，低压末级动叶片顶部进汽侧采用高频淬火处理，以提高叶片的抗水蚀强度。

二、汽轮机动叶片增材再造

1. 技术特点

汽轮机叶片为马氏体不锈钢，其焊接性较差，焊接过程中焊缝组织出现奥氏体向马氏体转变，由于转变过程中不同组织的体积发生变化，导致硬度增加、塑性降低、焊接导致淬硬倾向较大、焊后残余应力很大，因此容易产生裂纹。所以要进行焊前预热，焊后热处理。

2. 工艺要点

（1）焊接前，要对坡口及其周围用钢丝刷和砂布等擦亮，然后用丙酮和白布擦拭干净。

（2）焊前预热。采用氧－乙炔中性焰局部预热，预热范围为坡口两侧各 50mm，预热时火焰焰心距离工件 10mm 以上，加热要均匀，焊枪不得停留；预热温度应用表面测温仪和测温笔测量；预热温度根据材料、焊材和焊接方法确定，同质材料焊接时预热温度为 200～250℃。

（3）层间温度。同质焊接材料，其层间温度要高于预热温度，且不高于 300℃。

（4）施焊操作。采用手工钨极氩弧焊方法施焊，焊接工艺参数：焊接电流 I（打底）= 75A、I（盖面）= 80A，氩气流量 Q = 8L/min，背面充氩（= 4L/min，预热温度 = 300～350℃）。

（5）焊后处理。回火温度为 720～750℃。工件焊后不应从焊接高温直接回火，因为此时奥氏体可能未完全转变成马氏体，如果立即升温回火，会出现碳化物沿奥氏体晶界沉淀和奥氏体向珠光体转变，产生晶粒粗大的组织，严重地降低接头的韧性。因此，对于薄件，回火前应使焊件空冷至室温，让焊缝和热影响区的奥氏体基本分解完毕后，再进行高温回火和保温措施，最后进行仔细打磨。

3. 治理效果

经修复前后的汽轮机叶片如图 7－19、图 7－20 所示，经返装实践运行检验，符合各项指标要求，汽轮机叶轮叶片运转正常。

图 7－19 修复前的汽轮机叶片

图 7－20 补焊修复后未打磨汽轮机叶片

第八章

电力纳米涂层增材再造

纳米涂层制备、试验及分析是纳米表面增材再造方法成功应用于电站金属部件治理的技术关键。本章采用高速火焰喷涂系统，喷涂经过造粒的纳米复合团聚颗粒，在结构材料表面制备纳米复合涂层，对涂层进行精细结构分析。对纳米涂层的抗高温腐蚀性能、抗冲蚀性能进行对比研究并探讨纳米涂层抗高温腐蚀、抗冲蚀机理，通过工程应用实例阐述纳米涂层的制备工艺特点，为技术人员应用纳米涂层实施电站金属部件增材再造提供参考。

随着构建以新能源为主体的新型电力系统的不断发展，传统的微米级方法已经无法完全满足电力行业对新材料、新工艺、新技术的需求。纳米表面工程技术因其高技术、高性能将成为增材再造方法未来的发展趋势。本章阐述了纳米表面工程的特点，国内外纳米热喷涂的现状及发展趋势，纳米团聚造粒方法的特点及应用以及利用纳米表面治理方法治理电站技术部件常用的试验方法及分析测试手段，为技术人员研究、应用纳米表面治理方法提供参考。

第一节 纳米表面工程

纳米技术诞生于20世纪80年代末，是一项新兴技术。纳米科学技术的研究范围是中间领域（1×10^{-9}～1×10^{-7}m），过去人类很少涉及这一领域。纳米科学技术的研究为人类认识世界开辟了一个新的层次，纳米材料和纳米技术的发展受到了世界各国的高度重视。随着纳米科学和纳米材料的发展，许多具有力、热、声、光、电、磁等特殊性能的低维、小尺寸、功能化的纳米结构表面层可以显著改善材料的结构或赋予其新的性能。目前，在制备高质量纳米粉体方面取得了显著进展，一些方法已经在工业上得到应用，但是如何充分利用这些材料，如何充分发挥纳米材料的优良性能是一个亟待解决的关键问题。简言之，纳米表面工程是纳米材料与表面工程的交叉、复合、合成与应用。

一、纳米材料的特性

纳米微粒之所以表现出不同于粗晶材料的许多特性，主要是由以下几方面决定的。

（1）小尺寸效应。

当纳米微粒尺寸与光波、传导电子德布罗意波波长以及超导态的相干长度或透射深度尺寸相当或更小时，周期性的边界条件被破坏，光、电、磁、声、热及力学等特性都呈现出新的小尺寸效应。即纳米微粒的小尺寸效应决定了纳米材料在光、热、磁、声、力学等方面的特殊性质，量子尺寸效应是小尺寸效应的一种极端情况。

近年来，L.E.Brus 对小尺寸效应的理论研究具有代表性，他通过解薛定谔方程建立了最低激发电子态与尺寸之间、过剩电子还原势能与晶体尺寸之间的依赖关系。但有关粒子尺寸对纳米物质的性质影响研究仍处于起步阶段，具有规律性的结论还很有限，且看法也不一致。

（2）量子尺寸效应。

R. Kobu 在 20 世纪 60 年代提出了重要公式$\delta=-4E_f/(3N)$（δ为能级间距，E_f为费米能，N为总电子数）。对宏观的大块金属而言，由于N巨大。所以δ非常小，E_f附近的电子能级表现为准连续的能带。对纳米微粒而言，当粒子尺寸下降到最低尺寸时，N较小，δ变大，E_f附近的准连续能带变为离散的分立能级，从而产生量子尺寸效应。当分立能级能量间距大于热能、磁能、静电能及电子能量时，将发生磁、光、声、热、电的宏观特性的显著变化，如从导体变为绝缘体、吸收光谱的边界蓝移、相变温度下降、德拜温度降低、比热容变大、电子平均自由程改变、超导温度上升等。

作为微观粒子具有贯穿势垒的能力——隧道效应。近年来人们发现一些宏观量，如微颗粒的磁化强度、量子相干器件中的磁通量亦具有隧道效应，人们称之为宏观量子隧道效应。量子尺寸效应和宏观隧道效应是未来微电子、光电子器件、量子功能器件的基础，同时也确定了微电子器件的细微化极限，如半导体集成电路的尺寸接近波长时，电子就会因隧道效应而溢出，使器件无法正常工作。当然我们也可反过来有效地利用隧道效应，例如往某一量子点注入电子，由于隧道效应的存在，电子可以在各量子之间穿越，形成逻辑电路，预计可以制成 10G 量级的存储器。

（3）界面与表面效应。

随着粒子尺寸的减小，界面原子数增多，因而无序度增加，同时晶体的对称性变差，其部分能带被破坏，因而出现了界面效应。

纳米微粒由于尺寸小、表面积大（当平均粒径小于 6nm 时，比表面积达 $500m^2/cm^3$），导致位于表面的原子占有相当大的比例（当颗粒粒径小于 10nm 时，表面原子占据 20%；4nm 时，占 40%；2nm 时，占 80%；1nm 时，占有 100%），由于表面原子的化学环境与体相完全不同、存在大量悬空键，具有很多高 Miller 晶面指数、晶格缺陷、台阶、扭折等，因而表现出高化学活性，如原子一遇到其他原子很快结合，使其稳定化，这种表面的活性就是表面效应。

纳米微粒粒度越小，界面与表面效应越显著，这一点已被试验证实。如用高倍电子显微镜（EM）对粒径为 2nm 的纳米微粒进行电视摄像，会发现这些颗粒没有固定的形态，随着时间的变化会自动形成各种形状，它既不同于一般固体，又不同于液体，是一种称之为晶体、非晶体之外的“第三态固体”或“准固体”。在 EM 的电子束照射下，表面原子仿佛进入了“沸腾”状态，尺寸大于 10nm 后才看不到这种颗粒结构的不稳定性，这时颗粒具有相对较高的稳定结构状态。

界面与表面效应的产生都与纳米晶体的晶界结构有关，对纳米晶粒的理论解释主要存在三种学说：① Gleiter 的完全无序说，认为晶界具有较为开放的结构，原子排列具有随机性，原子间距大、密度低，既无长程有序，亦无短程有序；② Seagel 的有序说，认为晶粒间界处含有短程有序的结构单元，原子保持一定的有序度，通过阶梯式移动，实现局部能量最低状态；③ 叶恒强等的有序无序说，认为晶界结构受晶粒取向和外场作用等因素的限制，在有序和无序之间变化。

二、纳米表面工程的优越性

纳米材料和纳米技术在表面工程中的应用存在巨大的机遇，同时面临严峻的挑战。纳米表面工程必须同时具备两个条件：其一是应用的固体颗粒直径必须处于纳米尺度（1～100nm），其二是纳米材料在表面性能上有大幅度的改善或发生突变。

与传统表面工程相比，纳米表面工程的优越性如下：

（1）赋予表面新的服役性能。

纳米材料的奇异特性保证了纳米表面工程涂覆层的优异性能。一是体现在涂覆层本身性能的提升上，如涂覆层的拉伸强度、屈服极限和抗接触疲劳性能大幅度提高。二是体现在涂覆层的功能提升方面。纳米表面工程的出现，解决了许多传统表面工程技术解决不了的表面问题。例如，高性能纳米声、光、电、磁膜及超硬膜的制备；再如，纳米原位动态自修复技术由于纳米颗粒材料的作用能够在金属摩擦副表面形成修复薄膜，能够在工作状态下完成金属摩擦副的原位动态修复，延长了零部件的服役寿命。

（2）使零件设计时的选材发生重要变化。

在纳米表面工程中，许多传统意义上的基体材料有时只起载体作用，纳米表面工程涂覆层成为实现其功能或性能的主体。例如，高速钢刀具可以改为强度、韧性高的材质，通过在刀刃表面沉积纳米超硬膜来实现切削功能；普通材质也可以改为耐蚀和抗高温材料，通过对与介质接触的表面实施纳米化处理而起到抗蚀、抗高温作用等。

（3）为表面技术的复合提供新途径。

纳米表面工程能够为表面工程技术的复合提供一条全新的途径，具有广阔的应用前景。例如，金属表面的纳米化，赋予了基质表层优异性能，表面纳米化技术与离子渗氮技术相结合，使渗氮工艺由原来的在 500℃条件下处理 24h 转变为 300℃条件下处理 9h。

三、纳米表面工程助力电力增材再造

近年来，火电机组运行工况的变化对电力金属材料提出越来越高的性能需求。火电站运行工况的变化主要来自两个方面：一方面是机组自身向大容量、高参数机组方向发展，温度和压力的不断提高对材料的性能需求更高；另一方面是煤质的不断下降，灰分的增加和硫含量的持续偏高加剧了材料腐蚀和磨损程度，使材料的防腐防磨治理难度加大。

增大机组的容量和提高蒸汽参数是火电站发展的总体趋势，能够促使火电站单台机组发电总量迅速增长以适应生产快速发展的需要，同时可以降低基建投资和设备投资，节约金属材料的消耗。从材料的发展来看，新型马氏体耐热钢和新型不锈钢正在逐步取代珠光体耐热钢和贝氏体耐热钢成为制造火电站受热面管道的主力钢种。运行参数的改变以及基体材料的发展要求热喷涂涂层与基体的结合强度更高，涂层抗腐蚀和抗磨损性能更好。

煤质变差使得电力金属部件磨损加剧，损坏周期缩短，损坏频率明显增加。同时，煤中硫含量普遍高于设计值，造成包括受热面在内金属部件的腐蚀加剧。煤质下降造成易损部件频繁失效。表面技术作为火电站易损部件有效治理手段，应该不断发展新材料以满足易损部件治理的新的更高的性能需求。纳米表面工程在防腐蚀、抗磨损的技术优势为解决上述技术难题提供有效手段。

第二节　纳米热喷涂技术

一、国际热喷涂技术发展及纳米化趋势

热喷涂方法发明至今已经经历了约 1 个世纪。从 20 世纪 60 年代开始，随着发达国家采用热喷涂涂层对锅炉管道进行防护，锅炉用抗冲蚀磨损涂层得到了很大发展。20 世纪 80 年代，热喷涂涂层防治锅炉管道的冲蚀磨损和受热面腐蚀被应用到小规模工业试验。优选出抗飞灰冲蚀的最佳涂层为等离子喷涂 Al_2O_3，其次为 Cr_3C_2(25%)－80Ni20Cr(25%)。另一种用于锅炉管道防腐的专用材料—铁铬铝合金 Fe＋CrAl 也具有优良的抗高温腐蚀性能和抗冲蚀性能。等离子喷涂 50Cr－50Ni 也在锅炉受热面管道上进行应用，并对其抗腐蚀性能与 FeCrAl 涂层进行对比。结果表明，50Cr－50Ni 涂层耐蚀性更好，涂层的使用寿命可以超过 10 年。

国外公司于 20 世纪 80 年代中期推出了 45CT 喷涂材料，其名义成分为（*wt*%）：43%Cr，0.1%Fe，4%Ti，其余为 Ni。该材料具有以下特点：热膨胀系数与碳钢管材料非常接近，大大减少了应用该涂层过程中机械剥落的可能性。合金中 Ni 含量高，使涂层的脆性降低。材料中加入 Ti 元素，使涂层的结合强度明显提高。20 世纪 90 年代中期国外公司推出了 Densys DS－200 保护涂层材料，它是一种成分为 75%Cr_2C_3、25%CrNi 的金属陶瓷材料。用 HVOF 工艺制备的涂层具有极低的孔隙率、非常细的晶粒、均匀的组织和较高的结合强度及硬度。此外，还具有很好的抗高温腐蚀、冲蚀性能，适于锅炉管道的防护。这种材料在德国、日本也得到了应用。20 世纪 90 年代末，该公司又推出了用 HVOF 制备的抗锅炉管道冲蚀的 ComARC Duocor 涂层（304 不锈钢 Fe－20Cr－9Ni 为外皮，WC、TiC 和 FeB 为填充的粉芯丝材），均取得了良好的效果。在此基础上，该公司不断进行改进，利用电弧喷涂 Fe19Cr15W7Ti6Ni 合金来防止锅炉燃烧室管壁的冲蚀磨损。同期，用 HVOF 制备了 FeCrAlY－Cr_3C_2 和 NiCr－Cr_3C_2 抗高温冲蚀磨损涂层，都取得了较好的效果。

进入 21 世纪，国际热喷涂材料的研发方向开始向非晶态材料以及微纳米化方向发展。如 21 世纪初推出的含 B 类的 Fe 基非晶态 METCO 700 粉、Ni 基的 Armacor M 丝材。这类非晶态材料进行喷涂后，涂层构成也含有非晶态组织。研究表明，非晶态涂层也可在适当条件下由喷涂直接形成，具有很高的耐磨性与很强的抗腐蚀性。上个世纪末，纳米粉末的再造粒方法使具有纳米结构的粉末材料能够用于传统的热喷涂喷枪上，从而使制备出纳米结构热喷涂涂层成为可能。纳米结构的热喷涂陶瓷涂层已通过多方各种检验和试用，获得了应用证书，并广泛应用到军舰、潜艇、扫雷艇和航空母舰设备上的近百种零部件，这是纳米涂层首次获得实际应用。

二、国内热喷涂技术发展及纳米化趋势

国内热喷涂技术的发展始于 20 世纪 50 年代，70 年代起得到快速发展，80 年代开始大规模推广应用。1980 年，某电厂在水冷壁上用氧－乙炔火焰喷涂普通铁铝粉进行防护，热态运行 4000h 后，涂层翘起。1981 年 11 月原国家经委、科委组织成立了“全国热喷涂协作组”。国家在“六五”至“九五”连续四个五年计划中将热喷涂技术列为重点推广项目，成效显著。仅“八五”期间推广应用热喷涂技术的直接经济效益就达 35 亿元。1986 年，某电厂在水冷壁管头上用氧－乙炔火焰喷焊 Ni－W 合金。1993 年，某高校国家重点实验室与某发电厂合作，提出了采用等离子喷涂 75%NiCr－25%Cr_3C_2 金属陶瓷技术解决 12Cr2MoWVTiB 炉管早期爆管的技术方案。研究人员对电弧喷涂和火焰喷涂镍铬、镍铬铝合金涂层的抗高温氧化性能进行了研究，并分别在两个发电厂进行了工业试验。结果表明，镍铬铝合金涂层具有良好的抗高温腐蚀性能，镍铬涂层性能稍差。试验采用的封孔剂的渗透性和抗高温性能良好。

进入 21 世纪，国内喷涂材料的研究及应用紧跟国际喷涂材料的发展趋势，取得较大进步。2003 年 2 月，某发电厂利用超音速电弧喷涂技术在 1 号机组水冷壁、二级再热器和三级过热器受热面上喷涂 LX34 和 PS45。检测结果表明，该涂层稳定可靠，对锅炉受热面具有良好的抗磨防护作用。

2003 年 3 月，某热电厂在 11 号循环流化床锅炉水冷壁利用超音速电弧喷涂技术喷涂 LX88A，有效地提高了循环流化床锅炉水冷壁的耐磨损和耐腐蚀性能，有效地延长 CFB 锅炉的运行周期。

2006 年 6 月，研究人员利用高速火焰喷涂方法在丰镇发电厂省煤器上喷涂 $Fe-Al/Cr_3C_2$ 复合涂层，涂层安全运行 26000h 停炉检查，发现涂层未被完全磨损掉。

目前，热喷涂技术在设备、材料、工艺方面均获得了较大发展与提高。特别是近年来，随着纳米技术的发展，纳米喷涂材料的研究及应用取得较大的成绩。目前，纳米金属氧化物或者纳米金属碳化物的研究及应用是整个纳米喷涂材料研究及应用的热点。例如，等离子喷涂普通微米级别的 $Al_2O_3-13\%TiO_2$ 涂层，涂层的截面呈典型的层片状结构，采用纳米团聚粉体后，涂层的截面由部分熔化区以及完全熔化区组成，呈双相组织结构；常规陶瓷涂层表现为典型的脆性冲蚀特性，纳米结构陶瓷涂层呈明显的脆性冲蚀特性，同时有一定程度的塑性冲蚀特征，具有较好的结合强度及抗冲蚀性能。两种等离子喷涂层的冲蚀磨损都以片层状脱落为主，同时有一定程度的脆性陶瓷颗粒破碎。为了进一步发挥纳米涂层的性能，采用激光熔覆的办法对等离子喷涂的 $Al_2O_3-13\%TiO_2$ 复合涂层进行重熔，从组织转变情况看，激光重熔一方面消除了喷涂层的层状结构和大部分孔隙，形成了均匀致密的重熔层；另一方面使亚稳相$\gamma-Al_2O_3$ 转变为稳定相$\alpha-Al_2O_3$。从性能改变结果看，激光重熔一方面减少了高温腐蚀过程中的腐蚀扩散通道，增加了涂层的抗腐蚀性能；另一方面，激光重熔纳米结构涂层重熔区中残余纳米粒子的增韧作用，使其晶界强度较高，导致断口有相当数量的穿晶断裂，从而提高了纳米 $Al_2O_3-13\%TiO_2$ 涂层的抗高温冲蚀能力。

除普通大气等离子喷涂方法制备纳米 $Al_2O_3-13\%TiO_2$ 复合涂层外，微弧等离子喷涂也被应用到制备纳米 $Al_2O_3-13\%TiO_2$ 复合涂层中。研究人员开发了微弧等离子喷涂系统，制备了碳纳米管/纳米 $Al_2O_3-TiO_2$ 复合吸波涂层，取得了较理想的制备效果。

除 Al_2O_3 和 TiO_2 外，ZrO_2 或者利用 Y_2O_3 来稳定的 ZrO_2 涂层的研究也比较广泛。研究等离子喷涂纳米 ZrO_2 复合涂层组织的结果表明，纳米 ZrO_2 热障涂层展现出独特的纳米—微米复合结构，包括柱状晶和未熔融或部分熔融纳米颗粒。非平衡四方相是涂层的主要物相。抗热冲击性能试验结果表明，纳米 ZrO_2 热障涂层拥有更为优越的抗热冲击性能，这主要得益于其相对致密的结构以及微裂纹、纳米晶粒、小孔径孔隙的应力缓释作用。等离子喷涂纳米 ZrO_2 涂层的截面呈完全熔化层片结构和部分熔化颗粒结构，这与涂层的两相组织一致。等离子喷涂纳米 ZrO_2 涂层还具有较高的耐酸性能，与喷涂微米级粉末形成的涂层耐酸性能相比，纳米 ZrO_2 涂层的耐酸性能更为优异。

纳米氧化物喷涂材料以及利用喷涂方法制备出的纳米复合涂层改善了原有微米涂层的组织及性能，但是在利用上述方法对火电站受热面管道实施治理的实际应用过程中受到局限。主要原因是微/纳米金属氧化物涂层基本上都属于热障涂层，在受热面表面喷涂纳米氧化物复合涂层将影响到受热面的传热，降低受热面的热效率。因此，需要对纳米材料进一步进行研发，在保证受热面传热良好的基础上，改善涂层的组织及性能。

纳米喷涂材料除纳米氧化物外，纳米碳化物也在喷涂材料领域应用的越来越广泛。其中，以纳米 Co 基或纳米 Ni 基 WC 的应用最为广泛。例如，利用超音速火焰喷涂技术，在 Cr12MoV 模具钢表面制备了纳米结构的 WC－12Co 金属陶瓷涂层，纳米 Co 基或纳米 Ni 基 WC 可显著提高材料的抗磨损性能。但这类材料不太适合应用到火电站的高温易损部件上，主要原因是 WC 在高于 550℃时容易发生失碳分解，从而破坏涂层的整体性能。

非晶涂层以及纳米涂层是新时期热喷涂材料的重要发展方向。非晶态涂层中，比较成熟的材料多为 Ni 基产品。我国 Ni 矿资源有限且为重要的战略资源，国内生产的 Ni 元素只能满足不足 40%的国内需求，其余部分全部依赖进口。Ni 元素的缺乏一方面推高了 Ni 基喷涂材料的价格，另一方面占用 Ni 元素这种相对稀缺的战略资源，不利于国家尖端武器的制作和发展。因此，需要有一种性能与 Ni 基材料相当、不含贵重金属元素、价格低廉的材料来替代 Ni 基材料，Fe－Al 基喷涂材料的成功研发使 Ni 基喷涂材料的替代成为可能。纳米涂层材料中，目前比较成熟的涂层材料多为金属氧化物和碳化物。制约其他类型喷涂材料发展的瓶颈来源于纳米喷涂材料的“造粒”，即如何利用简单有效的方法将纳米材料制成适合喷涂的纳米喷涂材料。如果纳米喷涂材料被顺利制作出来，那么利用热喷涂方法，将喷涂材料喷涂至普通钢材基体表面即可获得纳米涂层。非晶纳米涂层良好的耐磨损、抗腐蚀性能也将有效发挥出来。

第三节　纳米热喷涂材料的制备

热喷涂纳米涂层组成可分为三类：单一纳米材料涂层体系；两种（或多种）纳米材料构成的复合涂层体系；添加纳米颗粒材料的复合体系，特别是陶瓷或金属陶瓷颗粒的复合体系。

纳米涂层的制备与传统涂层的制备过程不尽相同。热喷涂微米级颗粒时，往往是颗粒表面产生熔融，而纳米颗粒由于比表面积大、活性高而易被加热熔融，在热喷涂过程中纳米颗粒将整体产生熔融。由于熔融程度好，纳米颗粒碰到基体后变形剧烈，铺展性明显优于微米级颗粒。热喷涂纳米结构涂层熔滴接触面更多，涂层孔隙率低。表现在性能上就是纳米结构涂层的结合强度大、硬度高、抗腐蚀抗磨损性能好。

一、纳米复合涂层制备难点

复合涂层作为治理火电站易损部件的新型涂层，具备比其他同类产品更加优异的涂层性能，应用前景广阔。随着火电站机组参数的升高及燃煤煤质的降低，普通微米涂层已经很难适应新时期新机组抗腐蚀抗磨损的需求。根据国际和国内热喷涂材料向纳米化发展的趋势，特别是纳米氧化物在热障涂层方面的应用以及纳米碳化物在抗磨损方面的应用为复合涂层发展提供了新思路。

纳米复合涂层的制备存在两个技术难点。一个是纳米粉体材料因为飞扬和烧损问题不能直接用于喷涂，解决该问题最有效的方法是将纳米粉体通过团聚造粒制成微米级或更大颗粒，然后进行喷涂。另一个是纳米颗粒在热喷涂过程中的烧结长大问题。因为快速的加热和短时间的停留可以有效抑制颗粒的长大、元素扩散、第二相的形成和长大，因此，解决该问题的有效方法是采用高速喷涂方法。

纳米粉体通过团聚造粒制成微米级或更大颗粒，又存在以下几个方面的技术难题：

（1）纳米金属粉末保护以避免燃烧问题。

当金属粉体粒径小到纳米级别时，金属的活性变得极高，非常容易在空气中与氧气产生剧烈化学反应，部分纳米金属会产生燃烧的现象。如粒径为 50nm 的 Fe 粉，在常温下便产生自发燃烧现象。必须采取有效手段避免金属在制备喷涂材料的过程中发生反应，最大限度保持纳米颗粒的活性。

（2）纳米金属粉体以及纳米金属碳化物的分散问题。

纳米金属粉体以及纳米金属碳化物首先需要在水中制备成均匀、稳定的浆料，然后进行团聚造粒。与纳米金属氧化物相比，纳米金属以及纳米金属碳化物的密度更大，在水中更容易沉在水底部，造成浆料不均匀；金属表面活性较高，容易在水基浆料中相互吸附聚集，造成溶液不均匀、不稳定。应该选用恰当的分散剂并在溶液中适量加入，同时在浆料中加入磨球以保证浆料均匀、稳定。

（3）纳米复合粉末的粒径控制问题。

热喷涂方法需要喷涂材料的粒径控制在 $-325 \sim +45$ 目（44～350μm）范围内。粒径过小会产生粉末飞扬和烧损问题，粒径过大会产生送粉困难问题。应该选用恰当黏结剂并在溶液中适量加入，同时选用恰当的雾化方式以保证团聚造粒粉末粒径满足喷涂要求。

（4）纳米复合粉末的干燥问题。

纳米复合粉末经雾化后，纳米粉体团聚成微米颗粒且粒径能够满足喷涂要求。此时粉末自身的强度很低，在外力的作用下容易产生粉碎。因此，雾化的同时需要对粉末进行加热干燥。经过团聚造粒的粉末颗粒内部由纳米粉体组成，表面的纳米粉体暴露在空气中仍然会产生燃烧问题，因此，需要采取有效措施，保证纳米粉末在干燥的过程中不燃烧。

与纳米粉体团聚造粒相比，纳米颗粒在热喷涂过程中的烧结长大问题较容易解决。解决方法是通过改善设备优化工艺来实现，选用操作方便且成本低廉的高速火焰喷涂方法，配以恰当的喷涂工艺。

二、纳米团聚造粒技术

1. 纳米团聚造粒系统结构

纳米团聚造粒过程中面临许多技术难题，这些技术难题的解决是将纳米粉体材料成功制备成纳米喷涂材料的关键，“惰性气体保护纳米造粒系统”可以来解决这些技术难题。

惰性气体保护纳米造粒系统各部分组成及作用：

（1）高压惰性气体进气管，为系统提供超过 10MPa 的惰性气体，从而为水基纳米复合浆料进行雾化提供动力；

（2）纳米浆料雾化器，将分散均匀的纳米复合浆料进行雾化，以获得粒径更大的颗粒；

（3）保护惰性气体进气管，为系统提供惰性气体保护，防止纳米复合粉末的氧化或燃烧；

（4）远红外履带加热装置，为系统提供热量供给；

（5）不锈钢罐体，为系统提供温度 300～400℃且有惰性气体保护的粉末干燥环境；

（6）角钢支架，为系统起支撑作用；

（7）槽钢底座，为系统提供支撑以及稳定整个系统。

2. 利用纳米造粒系统造粒

利用纳米造粒系统进行现场造粒分两个阶段：

（1）配制纳米复合喷涂粉末水基浆料。

用天平按比例分别称量纳米粉末，粉末的粒度小于或等于 50nm。通过现场试验发现，Fe 粉在粒度为 50nm 时，其熔点（燃点）已经降至室温以下，直接暴露在空气中的纳米 Fe 粉与空气产生剧烈燃烧。同时，燃烧的纳米 Fe 粉会促使其他纳米粉也发生剧烈的氧化反应，从而导致纳米粉体在喷涂之前失去活性，影响纳米涂层的性能。因此，在称量各组分纳米粉末也要在惰性气体状态下进行。按比例称好的纳米粉末放到蒸馏水中，配成纳米水基浆料。

为了保证水基浆料均一、稳定且具有良好的流动性及黏结性，选择适合纳米造粒的分散剂及黏结剂，按比例称量适量后加入水中，配制成纳米复合粉末水基浆料。将浆料放入混料桶中，然后放入磨球，混料筒密封后开始匀速旋转以便浆料充分混合。

（2）利用惰性气体保护纳米造粒系统进行造粒。

首先利用远红外履带加热器对造粒系统进行整体加热，当温度达到 340℃时进行恒温。然后开启惰性气体进气管，排空纳米造粒系统罐体内的空气。当罐内的空气基本被排除干净后，将纳米浆料注入纳米造粒雾化器中，开启惰性气体高压气管进行纳米浆料雾化，然后在罐体中进行干燥，最终制成纳米喷涂颗粒。

纳米团聚造粒中存在以下技术关键：

1）纳米金属复合涂层材料粉末与水的质量比控制在 50%～55%。

2）在纳米金属复合涂层材料粉末中加入质量比为 3%～5%的黏结剂配制成纳米复合粉末水基浆料。

3）将浆料放入混料筒中，混料筒中放入 200 颗直径为 6mm 的钢球，混合过程中混料筒以 75r/min 的速度匀速转动，混合的时间为 30min。

4）高压惰性气体进气管为系统提供压力为 10～15MPa 的惰性气体，从而为水基纳米复合浆料进行雾化提供动力。

5）雾化喷嘴喷雾的液滴的粒径控制在 40～400μm。

6）远红外履带加热装置为罐体内部提供温度 300～350℃且有惰性气体保护的粉末干燥环境。

三、纳米造粒试验结果分析

造粒前首先对造粒的纳米粉末进行验证性分析。纳米 Al 的微观形貌见图 8－1，纳米 Cr_3C_2 的微观形貌见图 8－2。

图 8－1　纳米 Al 的微观形貌

图 8－2　纳米 Cr_3C_2 的微观形貌

经造粒后的复合材料能够成为纳米喷涂材料的前提是满足如下技术要求：

（1）造粒后颗粒的形状为圆形或椭圆形，充分保证粉末具有很好的流动性。

（2）造粒后颗粒的粒径在 -325～+45 目（44～350μm）之间，一方面保证粉末喷涂过程熔融充分但不宜烧损，另一方面颗粒具有的一定的质量保证喷涂过程中不产生飞扬现象。

（3）造粒后颗粒的内部仍然保持纳米特性，各组分的百分比基本保持不变。

经过造粒后的纳米的表面形貌见图 8-3，从图上可以看出，造粒后的纳米的形状为圆形和椭圆形。从粒径测量的结果来看，纳米复合粉末的粒径在 114～178μm，满足喷涂对喷涂材料粒径的需求。进一步放大纳米颗粒，发现颗粒整体团聚很好（见图 8-4）。将纳米颗粒表面放大至 1 万倍和 5 万倍，发现纳米颗粒是由纳米粉末黏结而成，纳米颗粒内部的纳米粉末粒径在 100nm 以内，保持了原始的纳米状态。因此，经过“造粒”的粉末颗粒满足热喷涂工艺对喷涂材料的形状、粒径以及组分的相关要求，且颗粒内部仍然由纳米粉体组成，符合纳米喷涂材料相关要求。

图 8-3　纳米 Fe-Al/Cr_3C_2 造粒后的形貌及粒径

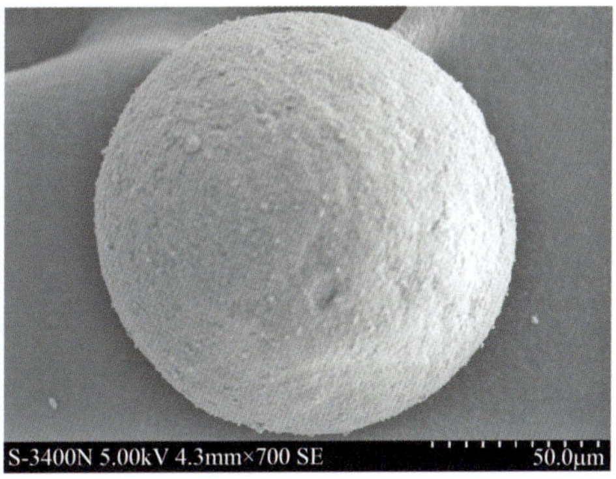

图 8-4　单个纳米 Fe-Al/Cr_3C_2 造粒后的形貌

四、纳米复合涂层组织及常规性能

图 8-5 为微米复合涂层及纳米复合涂层的宏观表面形貌。从图中可以看出，纳米复合涂层的表面质量显著高于普通微米复合涂层。复合涂层的表面呈灰白色，纳米复合涂层表面的颜色呈黑色，主要是由于纳米颗粒较小，已经细到小于可见光波长，对光的吸收率较高，宏观表现即颜色为黑色。上述纳米涂层的光学性能有可能使其成为太阳能的吸收材料以及雷达波的吸收材料。微米复合涂层表面起伏较大，孔洞较多、较深，涂层表面可见熔滴经撞击后的飞溅情况。纳米复合涂层表面较致密，几乎看不见孔洞，也很少看见熔滴撞击产生的飞溅。较高的涂层表面质量使纳米复合涂层在性能方面高于微米复合涂层。

(a) (b)

图 8–5 复合涂层的表面宏观状态

（a）微米涂层；（b）纳米涂层

从纳米复合涂层的截面形貌（见图 8–6）可以看出，纳米涂层具有典型的层状结构。涂层层片之间铺展均匀，层片较小。纳米复合涂层内部存在细小颗粒，根据扫描电镜进行颗粒尺寸测量，发现灰色基质相内部颗粒依然保持纳米颗粒特性。比较微米复合涂层可以看出，微米涂层的截面中不仅存在孔隙、未熔化的颗粒、层与层之间的界面裂纹，涂层表面还存在一些细小的层裂，灰色基质相不存在其他颗粒，产生增强相分布不均匀的现象。对微米复合涂层及纳米复合涂层的截面线扫描分析，发现涂层与基体之间以及涂层层片间的元素过渡平缓，进一步验证了涂层与基体间良好的结合性能以及层面间的致密性。纳米涂层较薄的层片结构以及基质相内部的纳米颗粒增加了涂层的内聚力，使涂层更难产生层片间的滑动而失效。

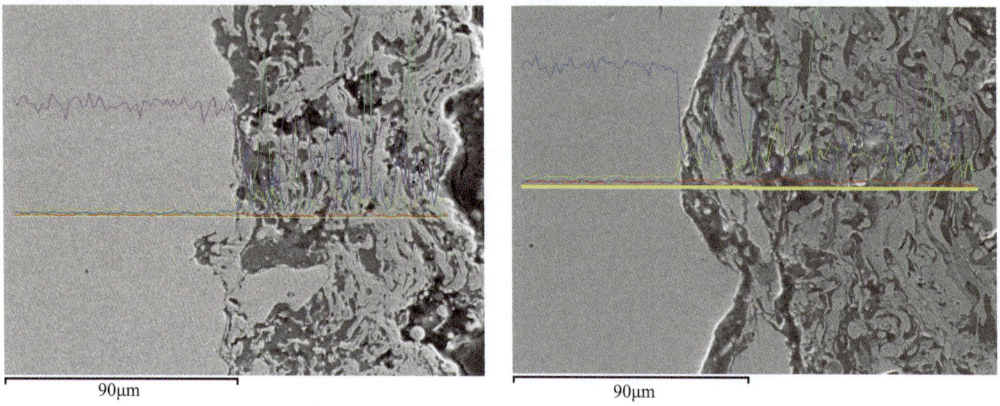

(a) (b)

图 8–6 复合涂层的截面线扫描图

（a）微米涂层；（b）纳米涂层

纳米复合涂层的孔隙率、硬度以及结合强度三项性能指标的测量：微米复合涂层的孔隙率为 2.3%，纳米复合涂层的孔隙率为 0.5%，纳米复合涂层的孔隙率约为复合涂层的 1/5。微米复合涂层的维氏硬度为 457，约为 HRC46.0；纳米复合涂层的维氏硬度为

787，约为 HRC63.9。纳米复合涂层的洛氏硬度约为微米复合涂层的 1.39 倍，纳米复合涂层的结合强度约为微米复合涂层的 2.43 倍。纳米复合涂层粉末在喷涂过程中表面能显著高于微米复合涂层粉末，从而显著降低涂层与基材表面的吉布斯自由能，进而提高涂层与基材之间的结合强度。

第四节　纳米复合涂层抗腐蚀性能

材料的腐蚀与防护，一直是工业领域备受关注的课题。据统计，全球每年因腐蚀造成的经济损失约 7000 亿美元，占各国国内生产总值的 2%～4%。在我国金属腐蚀问题也相当严重，年腐蚀损失（直接和间接）约为 4979 亿元。就电力行业而言，每年由于腐蚀问题导致易损部件失效所造成的直接经济损失也十分巨大，所造成的间接经济损失更是无法估量。电站金属部件治理的重点是高温腐蚀，高温腐蚀以熔盐热腐蚀为主。

一、纳米复合涂层高温腐蚀工况

高温腐蚀是指金属材料在高温工作时，基体金属与沉积在工件表面的沉积盐及周围工作气体发生综合作用而产生的腐蚀现象。以某电厂高温易损部件外表面所产生的沉积物为例，该电厂的燃料为长焰煤，通过分析沉积物的形式来推断火电站高温易损部件的腐蚀机理。Fe、Al 等元素以氧化物形式存在，K、Na 等元素以硫酸盐或硫化物形式存在，高温易损部件运行环境属于典型的高温腐蚀环境，高温腐蚀对材料的使用寿命影响很大，对高温易损部件实施热腐治理是保证火电站安全稳定运行的关键。

利用纳米涂层进行抗高温腐蚀治理的过程中，重点应该放在温度最高的部件来进行。温度越高材料的氧化程度越深，硫酸盐及硫化物以液态形式存在的数量越多，高温腐蚀越严重。在所有高温部件中，运行温度最高的为过热器，温度约为 650℃。根据高温腐蚀的特点，在 650℃时高温腐蚀的产生是由于局部区域形成低熔点的金属氧化物——金属硫酸盐共晶或低熔点复合硫酸盐。碱金属盐类，特别是 Na_2SO_4 和 K_2SO_4，一般被认为是高温腐蚀产生的必要条件。

火电站高温易损部件的高温腐蚀依据腐蚀范围分为三种类型：氧化物型、硫酸盐型和硫化物型，制造高温因素部件的碳钢及合金钢中的 Fe 元素在高温条件下分别与 O 元素、SO_4^{2-} 和 S 元素发生化学反应。

二、纳米复合涂层高温腐蚀结果分析

图 8－7 为 650℃时微米复合涂层和纳米复合涂层的腐蚀动力学曲线。从图中可以看出，两组涂层的腐蚀动力学曲线均呈抛物线规律，微米复合涂层的腐蚀动力学曲线较陡。比较而言，纳米复合涂层的腐蚀动力学增长相对较缓。纳米复合涂层在经过 60h 的

腐蚀后，涂层的腐蚀增重更加缓慢，呈现近似水平趋势。腐蚀动力学曲线随腐蚀时间增加的变化规律反映涂层的抗高温腐蚀性能：曲线随时间的延长增加幅度越缓，抗腐蚀性能越好；曲线随时间延长增加幅度越陡，抗腐蚀性能越差。因此，纳米复合涂层抗高温腐蚀性能显著高于微米复合涂层。

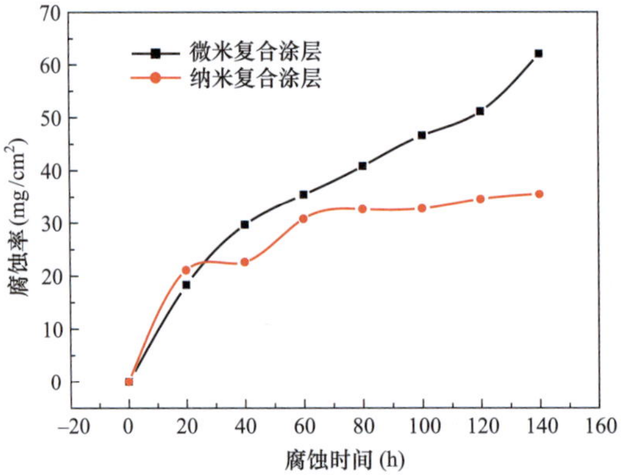

图 8-7　650℃时各涂层的高温腐蚀动力学曲线

腐蚀动力学曲线可方便直观地反映出各涂层在高温腐蚀环境条件下腐蚀产物的增长情况，但是腐蚀产物的增长速度以及增长方式却不能直观地反映出来。为了能够更加深入地分析纳米复合涂层的腐蚀速率以及腐蚀产物的增长方式，需要对涂层的腐蚀动力学曲线进行拟合分析并求出每种涂层的腐蚀动力学方程。

$$y=ax^b\ (a>0,\ 0<b<1) \tag{8-1}$$

式中　y——腐蚀产物的厚度或单位面积质量的变化量；

x——腐蚀的时间；

a——腐蚀速度常数；

b——常数。金属材料腐蚀速度规律可被描述成直线型、抛物线型、对数型以及立方型四种类型的动力学方程。

通过对涂层高温腐蚀的曲线分析，发现曲线的形式与直线型规律，对数形规律以及立方形规律相差比较大。与抛物线型形状比较接近，因此，初步选定纳米 Fe－Al/Cr_3C_2 系列复合涂层的腐蚀动力学曲线进行抛物线型拟合。但是在实际拟合的过程中发现，另一种幂函数规律对曲线的拟合效果更好。

五组涂层的腐蚀动力学方程见表 8－1。比较抛物线型拟合方程和幂函数型拟合方程的标准误差和相关系数。结果表明，幂函数型拟合方程与实际值的标准误差均低于抛物线型拟合方程；幂函数型拟合方程与实际值的相关系数均高于抛物线型拟合方程。因此，幂函数型拟合方程更适合纳米 Fe－Al/Cr_3C_2 系列复合涂层腐蚀动力学曲线的拟合。

幂函数 $y=ax^b$ 拟合纳米 Fe－Al/Cr_3C_2 系列复合涂层腐蚀动力学曲线后各参量的物理

意义：自变量 x 为腐蚀时间，因变量 y 为腐蚀增重。腐蚀增重 y 对腐蚀时间 x 求导即可得出腐蚀增重速率方程，按照腐蚀速率方程绘制的曲线。

表 8－1　　　　纳米涂层的腐蚀动力学方程

涂层	曲线形式	拟合方程	标准误差	相关系数
微米涂层	抛物线型	$-8.5672\times10^{-6}x^2+2.8475\times10^{-3}x$	0.0157	0.9826
	幂函数型	$0.0121x^{0.5997}$	0.0080	0.9955
纳米涂层	抛物线型	$-13.2167\times10^{-6}x^2+2.778\times10^{-3}x$	0.0164	0.9472
	幂函数型	$0.0356x^{0.2844}$	0.0066	0.9915

从腐蚀动力学方程可以看出，复合涂层的腐蚀速率随时间的增加而下降，可见复合涂层都能够起到保护基体的效果。比较而言，纳米复合涂层的腐蚀速率更低。以腐蚀时间 140h 为例，纳米复合涂层的腐蚀速率是微米复合涂层的 0.295 倍。如果假定微米复合涂层的腐蚀速率为 100%，纳米复合涂层的腐蚀速率为微米复合涂层的 29.5%。

分析表明，在被腐蚀的涂层表面，明亮发光的表面致密处为腐蚀过程中生成的铬的氧化物，而其他区域主要为铁的氧化物。比较而言，微米涂层表面 Fe 的氧化物所占比例更大，纳米涂层 Cr 的氧化物所占比例更大，即纳米涂层表面 Cr_2O_3 氧化膜更加致密，对内部的保护效果更好。

第五节　纳米复合涂层抗磨损性能

磨损是物体相对运动时表面的物质不断产生残余变形或其他损伤的现象。按照电站易损部件表面破坏的机理和特征，磨损可分为磨粒磨损和冲蚀磨损。磨粒磨损通常发生在常温易损部件上，例如轴类的磨损。冲蚀磨损不但在低温部件上发生，例如风机叶轮叶片的磨损，而且在高温易损部件上也同样发生，例如受热面管道的磨损。

为了对纳米复合涂层的抗磨粒磨损和抗冲蚀磨损性能有比较全面的掌握，对纳米复合涂层进行磨损性能研究。由于磨粒磨损发生在常温易损部件上，因此，磨粒磨损试验的试验温度选择在室温 25℃。由于冲蚀磨损在常温易损部件和高温易损部件上都存在，因此，冲蚀磨损试验的试验温度分别选择了室温 25℃、150℃、300℃、450℃、650℃。同时，由于冲蚀磨损程度高低与攻角大小有关，在上述五组温度选定的同时，分别对涂层在小攻角 30° 和大攻角 90° 进行冲蚀磨损性能测试。在磨损性能测试后，分别对不同磨损形式进行磨损机理探讨，为下一步利用纳米复合涂层对火电站易损部件实施抗磨损治理奠定基础。

1. 磨粒磨损

两物体表面相互摩擦而引起表面材料损失的现象叫磨粒磨损。磨粒通常指非金属矿物或岩石，例如氧化铝、氧化硅等。发生磨粒磨损时，材料微粒从表面脱落形成磨屑。整体磨损情况和磨料与材料表面接触变形过程有关。影响磨粒磨损的主要因素有材料硬度、弹性模量、磨粒尺寸、载荷和表面粗糙度等。在同一工况条件下，磨料尺寸和载荷一定，磨料磨损性能主要由材料硬度、弹性模量和表面粗糙度来决定。

2. 冲蚀磨损

冲蚀又称冲刷腐蚀磨损，它是固体表面同含有固体颗粒的流体接触相对运动时，其表面材料发生损耗的一种形式，它包括了流体的腐蚀和粒子的冲击磨损，主要发生在材料的表面层。固体粒子冲击到靶材表面上，除入射速度低于某一临界值外，一般都会造成靶材的冲蚀破坏。材料耐磨性通常以磨损率的倒数来表示。磨损率即每单位重量的粒子（磨粒）所造成的材料迁移（磨损）重量来度量，常以符号ε表示，即：

$$\varepsilon\text{（冲蚀磨损率）}=\text{材料失重（g）/磨粒重量（g）} \qquad (8-2)$$

为了准确和方便，将颗粒重量换为了被冲蚀工件的重量。材料的冲蚀率是一个受工作环境影响的系统参数。

火电站煤粉燃烧形成的高温烟气中，含有10%～20%的飞灰。随着煤质的下降，部分火电站高温烟气中飞灰的比例甚至达到40%以上。飞灰尺寸为2～500μm，冲击易损部件的平均速度为15～40m/s，受热面管道表面温度分别为650℃、450℃、300℃和150℃，叶轮叶片的表面温度为室温25℃。飞灰以不同的攻角冲击易损部件，水冷壁及叶轮叶片以小攻角20～30°冲击为主，过热器、再热器以及省煤器以大攻角90°为主。易损部件在上述工况下，极易遭受冲蚀。飞灰中所含矿物质较多，其中对磨损影响较大的是石英和黄铁矿，含量分别为30%～40%和20%～30%。石英和黄铁矿的硬度较高，均高于HV1100，会加剧炉管表面的飞灰冲蚀磨损。冲蚀磨损治理已经成为保证火电站安全稳定运行技术的关键之一。

一、纳米复合涂层的磨粒磨损性能

在电力易损部件磨损中，磨粒磨损是最重要的一种磨损类型。它是当摩擦副一方表面存在坚硬的凸起，或者在接触面之间存在着硬质粒子时所产生的一种磨损。硬质粒子可以是磨损产生而脱落在摩擦副表面间的金属磨屑，也可以是自表面脱落下来的氧化物或沙、灰尘。由于磨粒磨损没有或较少涉及润滑与黏着问题，所以相对来说是一种最简单的磨损形式。

1. 纳米复合涂层磨粒磨损性能结果及分析

材料的磨粒磨损性能可用单位时间或单位距离内产生的磨损量来衡量。经测试，微米复合涂层的磨损量是纳米复合涂层的磨损量的5.11倍。

根据材料耐磨性的定义，材料耐磨性是指某种材料在一定的摩擦条件下抵抗磨损的能力。通常，它以磨损率的倒数来表示。即

$$\varepsilon = 1/W \tag{8-3}$$

式中　ε——材料的耐磨性；

W——材料在单位时间或单位距离内产生的磨损量。

经过换算，纳米复合涂层的耐磨性是微米复合涂层的 5.11 倍。

2. 纳米复合涂层磨粒磨损机理讨论

从摩擦副材料的角度出发，磨粒磨损取决于磨粒硬度 H_a 和金属硬度 H_m 之间的相互关系。于是得到三种不同磨损状态，当 $H_a < H_m$，低磨损状态；当 $H_a \approx H_m$，磨损转化状态；当 $H_a > H_m$，高磨损状态。为了确定高磨损状态下材料的抗磨粒磨损性能，赫罗绍夫通过试验确定了各种材料与硬度呈线性关系。根据试验，金属材料对磨粒磨损的抗力与 H/E 成比例，H 为材料硬度，E 为弹性模量。材料的 H/E 越大，在相间接触压力下弹性变形量越大。由于接触面积增加，单位法向力反而下降，致沟槽深度减小，堆在沟槽两侧的材料也少，故磨损量亦减小。提高材料（包括涂层材料在内）的抗磨损性能可以选择两种途径：一种途径是提高材料的硬度 H，另一种途径是降低材料的弹性模量 E。第三章已经证实，随着纳米加入量的增加，涂层的硬度逐渐增大。高硬度提高了涂层抗磨粒磨损性能。

弹性模量是反映材料内原（离）子键合强度的重要参量。早期的试验结果显示纳米材料的弹性模量比多晶材料低 15%～50%，后来查明是样品中微孔隙造成的。Sanders 等的试验结果表明，弹性模量随样品中的微孔隙增多而线性下降，对纳米 Fe，Cu 和 Ni 等无微孔隙样品的测试结果显示，其弹性模量比普通单晶材料略小（小于 5%），并且随晶粒减小，弹性模量降低在分子动力学计算模拟中也得到了同样的结论，这主要是因为其中有大量的晶界和三叉晶界等缺陷。根据纳米材料弹性模量试验结果，推算出其中晶界和三叉晶界的弹性模量约为多晶材料的 70%～80%，与同成分非晶态固体的弹性模量相当。这说明晶界的原键和状态可能与非晶态原子的键合状态相近。纳米复合团聚颗粒的加入改变了涂层的硬度值及弹性模量，硬度值的提升以及弹性模量的降低整体提高了纳米涂层的抗磨性。

二、纳米复合涂层的冲蚀磨损性能

冲蚀磨损是火电站易损部件最常见的磨损形式，造成危害的范围较广。因此，对电站易损部件进行抗冲蚀磨损治理具有重大现实意义。

1. 基于冲蚀行为的影响因素研究

图 8－8 和图 8－9 分别为微米、纳米复合涂层在不同冲蚀条件下的磨损失重结果。

冲蚀温度依据不同部件的运行工况条件来确定：室温 25℃，风机的叶轮叶片；150℃，部分尾部烟道；300℃，炉膛水冷壁外壁温度；450℃，省煤器管外壁温度；650℃，过热器管外壁温度。冲蚀角度选择 30° 小角度攻角和 90° 大角度攻角。试验的最终目的是考察复合涂层加入纳米颗粒后，在不同温度、不同攻角状态下所产生的性能变化，并选择恰当的机理模型予以解释。

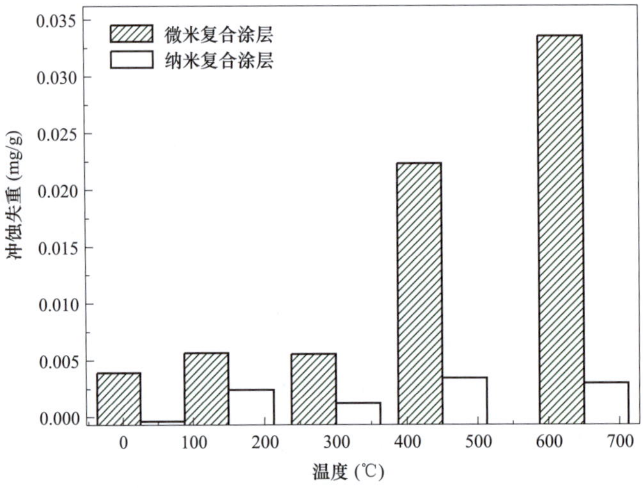

图 8-8 复合涂层在攻角 30° 时的冲蚀失重

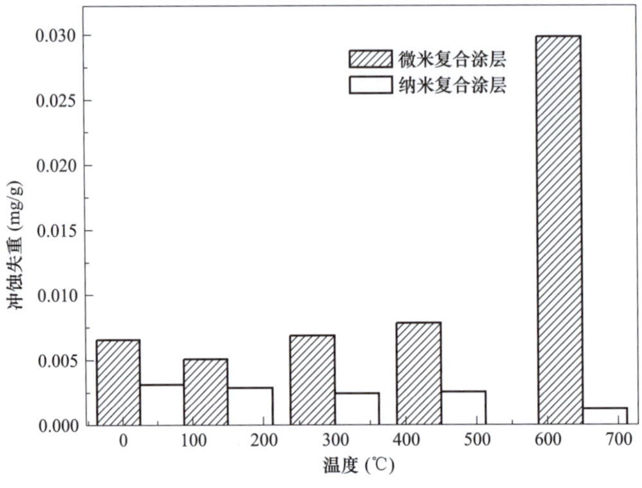

图 8-9 复合涂层在攻角 90° 时的冲蚀失重

（1）冲蚀温度的影响。

从图 8-8、图 8-9 中可以看出，冲蚀温度对材料的耐冲蚀性能有较大影响。常温条件下，涂层抗冲蚀磨损性能的差别不是很大。当温度超过 300℃以后，涂层的抗冲蚀性能的差别逐渐加大，特别是在 650℃时，涂层抗冲蚀性能的差别达到最大值。微米复合涂层的抗冲蚀磨损能力随温度的增加而下降，造成不同温度下材料冲蚀性能变化的主要原因是氧化物层的变化。在常温下，涂层在冲蚀的过程中是对喷涂的层状结构进行的冲蚀磨损。在冲蚀过程中，由于没有保护，高速的砂粒直接冲击到了涂层的层状结构，并在层与层之间的结合处出现微裂纹。微裂纹在冲蚀过程中会不断生长，最终会导致涂层出现破碎和剥落。当温度在 150℃以下时，纳米复合涂层是依靠比微米复合涂层更加致密以及更高硬度、更高韧性来提高抗冲蚀磨损能力，因而涂层抗冲蚀能力的差别在一个数量级以内。当温度超过 300℃，微米复合涂层的抗冲蚀性能随温度的升高而下降，主要原因是涂层的强度随温度的升高而下降。纳米复合涂层在高温条件下的冲蚀优势逐渐显现出来：在冲蚀进行的同时，涂层的表面迅速氧化，从而会在表面生成一层氧化物层，且氧化物层的厚度及致密度随着纳米颗粒数量的增加而逐渐增加。氧化物层在冲蚀的过程中可以保护涂层不被进一步冲蚀，主要是因为涂层在冲蚀过程中，氧化物层会逐渐生长成比较致密的结构。而这种致密的结构可以减少裂纹的产生，从而使得涂层的冲蚀损失减少。

（2）攻角的影响。

攻角是指材料表面与入射粒子轨迹之间的夹角，也可称为入射角或攻击角。材料的冲蚀率和攻角有密切关系，典型塑性材料最大冲蚀率出现在攻角 15～30° 内，典型脆性材料则出现在正向攻角 90°，其他材料一般介于两者之间。攻角与冲蚀率的关系可表达为

$$\varepsilon = A\cos^2\alpha\sin n\alpha + B\sin^2\alpha \tag{8-4}$$

式中 ε — 冲蚀率；

α——攻角；

n、A、B——常数。

典型的脆性材料 $A=0$，而塑性材料 $B=0$，$n=\pi/(2\alpha)$。其他材料在小攻角下塑性相起主要作用，在大攻角下脆性相起主要作用，改变式中 A、B 值便能满足要求。当温度一定时，根据塑性相与脆性相起作用的情况可以判断出材料在该温度下表现材料特性：如果此温度下材料的小攻角的冲蚀率小于大攻角的冲蚀率，则材料在此温度下表现为脆性冲蚀；如果此温度下材料的小攻角的冲蚀率大于大攻角的冲蚀率，则材料在此温度下表现为塑性冲蚀。

由于涂层本身的特殊性，其冲蚀形式复杂。从图 8－9、图 8－10 表示的五组涂层在攻角分别为 30° 和 90° 时冲蚀失重可以看出，所有的涂层材料在攻角 90° 时的冲蚀损失均大于攻角 30° 时的冲蚀损失。主要原因有两方面：一方面是涂层自身因素，微米复合涂层本身的硬度较高，脆性较大，在正面冲蚀时容易被击碎剥落，但侧面冲击时的刮削就比较困难。纳米复合涂层的特性使涂层塑韧性提高，攻角 90° 时的冲蚀损失率大于攻角 30°，而且差别比微米复合涂层大很多。另一方面是外因，即攻角 90° 时与攻角 30° 时相比，粒子对涂层冲击能量更大，对涂层的破坏能力更强。具体机理将在下面的原理

分析部分进行介绍。

（3）孔隙率的影响。

由于涂层本身的特性以及各种增强相与基质相的结合度有差距，因此高速火焰喷涂纳米 Fe–Al 系列铁铝涂层的孔隙率也存在差异。而孔隙率的差异，同样会对涂层的抗冲蚀性能产生影响。

将孔隙假设为球状，在一维方向上的孔隙处的应力分布就可以通过计算来得到。通常，孔隙半径增加，则应力增大，在大的半径的孔隙的边缘更容易产生裂纹，从而导致在冲蚀的过程中涂层剥落。因此，尽量降低孔隙率，在一定程度上可以提高涂层的抗冲蚀性能。而上面五组涂层的比较也同样可以看出，孔隙率低的涂层抗冲蚀性能更好。

（4）涂层硬度、脆性及纳米颗粒含量的影响。

涂层的硬度对涂层的冲蚀性能有影响，在同等的条件下，涂层的硬度高，其抗冲蚀磨损的性能也较高。相较硬度，脆性对涂层的抗冲蚀性能影响更大，涂层的脆性大容易在冲蚀过程中出现裂纹，从而发生层的剥落，反之涂层出现裂纹的概率下降，其冲蚀的损失也会减小。纳米颗粒含量的增加使基质相 FeAl 金属间化合物生成更加紧密，增强相 Cr_3C_2 的分布更加弥散、均匀。纳米颗粒加入后增加了涂层硬度的同时，也改善了涂层的脆性，涂层的抗冲蚀性能随纳米颗粒含量增加而增加。从五组涂层的比较来看，微米复合涂层因为脆性较大，其冲蚀的损失较大；纳米复合涂层的抗冲蚀性能更好。

2. 冲蚀特性分析

冲蚀磨损是一种特殊的磨损方式，它既不是纯冲击，也不是一般的滑动磨损，而是两个过程的复合。其过程是：在冲击瞬间，两对磨面相互碰撞，在摩擦界面间有硬质磨粒存在，同时各界面有相对滑动，当冲击结束时，两对磨面脱离接触，不摩擦不磨损，这两个过程周而复始地交替进行。冲击磨料磨损是一种极恶劣的磨损工况，在该工况下工作的零部件都表现出极短的寿命。

（1）纳米复合涂层冲蚀特性。

纳米复合涂层在不同冲蚀温度和攻角下的冲蚀结果可以看出，当攻角 90° 时，随着温度提高，纳米复合涂层的冲蚀失重随温度的升高而下降，抗冲蚀性能随温度的升高而提高；当攻角 30° 时，随温度升高，纳米复合涂层的冲蚀失重随温度的升高而升高，抗冲蚀性能随温度的升高而下降。高温条件下，大攻角 90° 的抗冲蚀性能高于小攻角 30°。

温度低于 450℃时，纳米复合涂层表现出脆性材料的冲蚀行为；温度等于或高于 450℃时，纳米复合涂层的冲蚀机理发生变化，呈现出塑性冲蚀行为。冲蚀行为的变化，一方面表明涂层的冲蚀机理发生改变，另一方面也间接表明涂层的表面状态和结构也发生了改变，即具有一定保护作用氧化膜的形成。氧化膜的出现使较低温度下材料的脆性冲蚀行为逐渐转变为较高温度下塑性的冲蚀—氧化行为，从而使其冲蚀机制发生了变化。以攻角 90° 为例，对比 300℃与 450℃涂层表面的 EDAX 分析结果表明，在冲蚀表面处，不论什么温度都出现了一层致密的氧化物保护层，随着温度的升高，涂层外表面的氧化物保护层 Fe_2O_3 的数量逐渐减少，Al、Cr 的氧化物的数量逐渐增加。

分析原因，由于高速的砂粒与涂层表面冲击摩擦，使得涂层表面达到了很高的温度。在高温下，涂层表面的合金元素开始氧化，而开始阶段出现的主要是 Fe 的氧化物，由于 Fe 的氧化物结构疏松，很快就在砂粒的冲击下破碎剥落。涂层中添加了纳米 Cr_3C_2，在冲蚀过程中会出现部分纳米 Cr_2O_3，它可以提高纳米 Al_2O_3 的蠕变性能，细化 Al_2O_3 晶粒，减少纳米 Al_2O_3 膜由生长应力导致的开裂，抑制氧化层的剥落，促进 Al 的选择氧化，使表面纳米 Al_2O_3 氧化层增多，最终形成了连续的 Al 氧化物保护层，在涂层表面保护涂层不被进一步冲蚀。

（2）微米复合涂层冲蚀特性。

无论是攻角为 30° 还是攻角为 90°，随着温度提高，微米复合涂层的冲蚀失重随温度的升高而增加，抗冲蚀性能随温度的升高而下降。温度小于或等于 300℃，涂层攻角 30° 的冲蚀失重低于攻角 90° 即微米涂层在攻角 30° 的抗冲蚀磨损性能高于攻角 90°，涂层以脆性冲蚀为主；温度大于或等于 450℃，涂层攻角 30° 的冲蚀失重高于攻角 90°，即微米涂层在攻角 30° 的抗冲蚀磨损性能低于攻角 90°，涂层以脆性冲蚀为主。

3. 冲蚀机理讨论

纳米复合涂层的冲蚀磨损机理随温度的不同而产生变化。当温度小于或等于 300℃，攻角 30° 的冲蚀磨损率小于攻角 90° 时，纳米复合涂层表现为脆性材料冲蚀；当温度大于或等于 450℃，攻角 30° 的冲蚀磨损率大于攻角 90° 时，纳米复合涂层表现为塑性材料冲蚀。因此，纳米复合涂层的冲蚀磨损机理同时包括脆性材料冲蚀机理及塑性材料冲蚀机理。

（1）脆性材料冲蚀机理。

脆性材料冲蚀机理研究始于 20 世纪 60 年代，主要围绕着裂纹的产生和发展而进行。1966 年，Sheldon 和 Finnie 利用球状粒子对脆性材料进行冲蚀，并对整个冲蚀行为进行了研究。结果发现，负荷达到一定值或冲击速度足够大，被冲击靶材在入射粒子的冲击点下会出现塑性变形，附近存在缺陷的地方会萌生环状裂纹即 Hertz 裂纹。他们以此为基础建立了第一个脆性材料的冲蚀模型。1975 年，Lawn 和 Swin 利用多角粒子对靶材进行冲击，并研究了裂纹萌生及扩展情况。结果发现，存在两种形式的裂纹：一种是垂直于靶材的初生径向裂纹，另一种是平行于靶材的初生横向裂纹。径向裂纹使材料强度退化，横向裂纹被确认为材料损失的根源。20 世纪 70 年代末，A.G.Evans 等人提出了弹塑性压痕破裂理论，该理论成功解释了刚性粒子在较低温度下对脆性材料的冲蚀行为。该理论认为压痕区域下形成了弹性变形区，然后在负荷的作用下，中间裂纹从弹性区向下扩展，形成径向裂纹。同时，在最初的负荷超过中间裂纹扩展的临界值时，即使后续没有负荷，材料的残余应力也会导致横向裂纹的扩展。并且推导出的材料体积冲蚀量 V 与入射粒子尺寸 r、速度 v_0、密度 ρ、材料硬度 H 及材料临界应力强度因子 K_c 之间存在如式（8－5）的关系：

$$V \propto v_0^{3.2} r^{3.7} \rho^{1.58} K_c^{-1.3} H^{-0.26} \tag{8-5}$$

同时，确定了开始发生断裂的临界速度 v_c，可由式（8－6）确定：

$$v_c \propto K_c^2 H^{-1.5} \tag{8-6}$$

Wiederbom 和 Lawn 根据材料硬度和接触时的最大压入深度，计算接触力，推导出与式（8－5）和式（8－6）相似的关系式（8－7）和式（8－8）：

$$V \propto v_0^{2.4} r^{3.7} \rho^{1.2} K_c^{-1.3} H^{0.11} \tag{8-7}$$

$$v_c \propto K_c^3 H^{-2.5} \tag{8-8}$$

式（8－7）和式（8－8）中硬度均仅占很小的比重。

（2）塑性材料冲蚀机理。

相对于脆性材料冲蚀理论而言，塑性材料冲蚀理论起步较早，取得的进步更加显著。

Finnie 针对具有足够硬度，不发生变形的刚性粒子对塑性金属的冲蚀，提出了微切削理论。此理论第一个定量描述冲蚀过程，其体积冲蚀率 V 随攻角变化的综合表达式为：

$$V = MU^2 f(\alpha)/p \tag{8-9}$$

式中 M——粒子的质量；

U——粒子速度；

p——粒子与靶材间的弹性流动压力。

该模型较好地解释了小攻角下刚性粒子冲击塑性材料的冲蚀规律，I.Finnie 后来针对该理论运用在大攻角或刚性材料冲蚀存在较大偏差问题进行了修正。

$$V = cMU^n f(\alpha)/p \quad n = 2.2 \sim 2.4 \tag{8-10}$$

式中 c——粒子分数（理想模式），其余参数含义不变。

1963 年，Bitter 提出冲蚀磨损分为变形磨损和切削磨损两部分。该理论认为粒子反复冲击塑性材料时产生加工硬化，从而提高材料的弹性极限。当粒子冲击靶材的冲击应力小于靶材屈服强度时，靶材只发生弹性变形；粒子冲击靶材的冲击应力大于靶材屈服强度时，就会形成裂纹。Levy 在大量试验的基础上，提出锻造挤压理论。该理论认为冲击时粒子对靶材施加挤压力，使靶材出现凹坑及凸起的唇口，随后粒子对层片进行“锻打”，在严重的塑性变形后，靶材呈片屑从表面流失。Hutchins 提出以临界应变作为冲蚀磨损的评判标准。该理论认为在冲蚀过程中材料表面会发生弹性变形，只有当形变达到临界值 ε_c 时才会发生材料流失。ε_c 在此理论中被看作材料的一种性质，由材料的微观结构来决定。Hutchins 推导出公式：

$$E=0.033\alpha\rho_1\rho_2^{1/2}v^3/(\varepsilon_c^2p^{3/2}) \tag{8-11}$$

式中 E——材料质量冲蚀率；

α——表征压痕量的体积分数；

ρ_1——靶材的密度；

ρ_2——粒子的密度；

v——冲击速度；

p——外压。

后来，又有一些研究者对 Hutchins 模型进行了修正，更好地解释了球状粒子正向冲击方面较为成功，但与试验结果还有少许差异，尚未被普遍承认。

上述几种理论中，微切削理论、锻造挤压理论和变形磨损理论影响最大，其他较有影响的冲蚀理论还有脱层理论、压痕理论等。上述理论侧重于的冲蚀的不同状态，都需进一步的研究来不断完善。

第六节 纳米涂层增材再造工程应用

一、纳米防腐抗磨涂层增材再造

1. 工艺要点

制备纳米涂层前，需对修复表面进行喷砂糙化处理。用丙酮对试样清洗，除去表面的油污和其他附着物，然后对试样的喷涂面进行喷砂处理。喷砂的工艺参数为：棕刚玉砂料粒度 25 目，喷砂气压 0.7MPa，喷砂角度 45°，喷砂距离 200～300mm。

采用高度火焰喷涂制备纳米涂层。高速火焰喷涂设备与传统火焰喷涂设备相比，具有以下技术优势：

（1）具有特殊的射吸式进气和螺旋混气结构，极大提高了进入喷枪燃料气体的燃烧效率，拓宽了适用的喷涂材料的范围，使运用高速火焰喷涂方法喷涂纳米涂层材料成为可能。

（2）具有特殊的气体加速设计，使喷涂粒子的飞行速度大幅度提高，缩短了喷涂粒子的飞行时间，有效避免纳米粒子的烧结、长大问题。

（3）强制气体冷却设计，可使冷却气体携带的热能返回加速室，变为加速气体，使热能得到二次利用，具备节能的特点。

（4）自动优化配置燃料气体的混合比例，自动优化喷涂的工艺参数，最大限度地保证纳米涂层的性能。

喷涂工艺参数为：氧气压力 0.75～1.0MPa，乙炔压力 0.11～0.13MPa，空气压力 0.4MPa。按照上述工艺参数对造粒后喷涂粉末进行喷涂，制备出对应的纳米复合涂层。

2. 工程效果

在某电厂大修期间，针对机组受热面利用高速喷涂方法制备纳米复合涂层（见图 8－10、图 8－11）。运行 3 年后，对上述机组进行检查，发现纳米复合涂层的表面光滑，涂层的厚度略有下降，但余下的涂层与基体结合良好，表明涂层对管壁起到较好防护作用，其使用寿命大于 3 年，直接、间接经济效益显著。

图 8－10　高速喷涂方法制备纳米复合涂层

图 8－11　纳米复合涂层表面形貌

二、纳米超疏水涂层增材再造

1. 工程背景

由于冻雨、湿雪、霜冻等原因导致的输电线路覆冰，是影响电力系统安全的主要问题之一。输电线路覆冰，通常可导致线路停电、断线、倒塔、导线舞动、绝缘子闪络等事故，从而产生巨大的经济损失。在绝缘子表面增材再造纳米超疏水涂层，可有效起到防冰效果。某电力集团的 110kV、220kV、500kV 线路上均出现过因绝缘子、导线覆冰而引起的线路故障。110kV 线路因雪凇导致绝缘子、导地线上雪凇和雾凇厚度增加（直径 100mm）（见图 8－12、图 8－13），加上风的作用，地线不同期摆动跳跃，造成线路跳闸。220kV 线路因持续大雾加小雪天气，致使绝缘子、导地线上覆冰厚度不断增加（直径 120mm）（见图 8－14、图 8－15）。长期覆冰导致地线承受载荷的能力急剧下降，摆

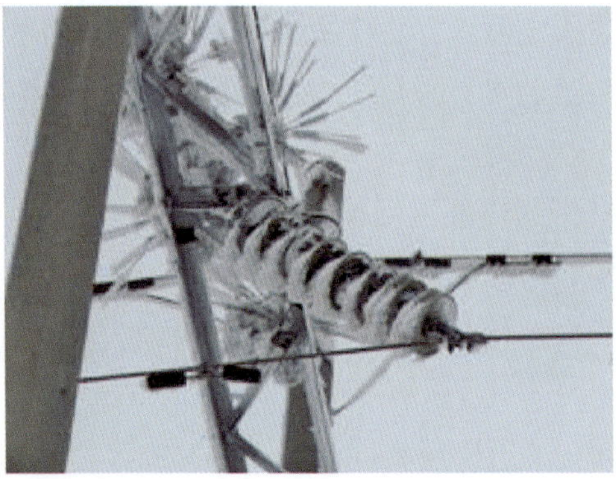
图 8－12　110kV 线路绝缘子覆冰情况

图 8－13　110kV 线路导地线覆冰情况

动过程中地线发生断裂造成绝缘子闪络事故发生。11 月 15 日，500kV 线跳闸，输电设备在海拔 2000m 地段地处小区域气象区，是导地线覆冰的典型地形（见图 8-16、图 8-17）。根据气象情况分析，气象条件符合覆冰的条件。架空地线覆冰严重，造成架空地线垂直荷载加大，地线弛度不均匀，导致故障段两侧地线向故障点塔段窜线，造成架空地线支架损坏架空地线垂落。

图 8-14　220kV 线路绝缘子覆冰情况

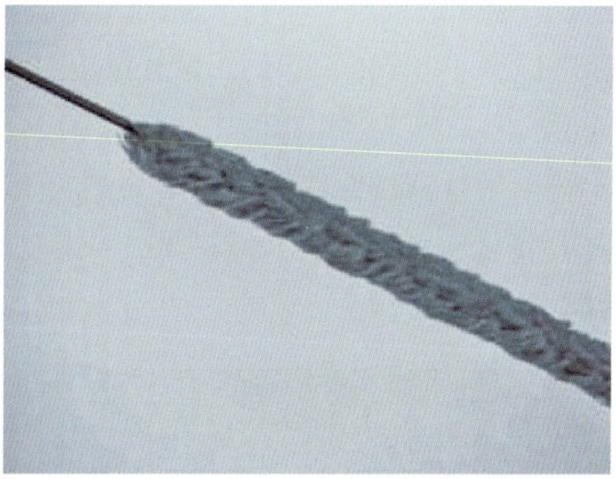

图 8-15　220kV 线路导地线覆冰情况

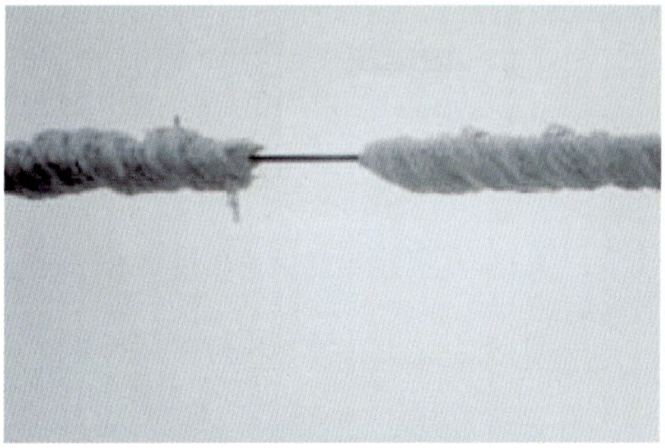

图 8-16　500kV 线路覆冰情况

图 8-17　500kV 间隔棒及铁塔覆冰情况

2. 工艺要点

采用纳米粒子表面自组装法，在大面积、复杂外形基体上成功制备纳米超疏水涂层，测试水滴接触角平均值超过 160°，接触角滞后略高于 2°。过渡层消除了超疏水涂层的表面固化龟裂，在憎水性、耐酸、耐碱和疏水稳定性方面显著优于其他超疏水涂层。采用试验电压 1kV 测试纳米超疏水涂层、RTV 硅橡胶涂层、玻璃的绝缘性能，结果表明超疏水涂层的表面电阻率分别高于 RTV 和玻璃表面电阻率的 60%和 1300%；涂覆超疏水涂层单片绝缘子的湿闪电压分别比涂覆 RTV 硅橡胶涂层和无涂层单片绝缘子湿闪电压高 35%和 50%；疏水涂层绝缘子串的雨闪电压明显高于涂覆 RTV 硅橡胶涂层和无涂层玻璃绝缘子串，且受雨量及雨水电导率的影响相对较低。

纳米超疏水涂层具有远小于 RTV 硅橡胶涂层及玻璃表面的过冷却水滴捕获率；超疏水涂层表面的过冷却水滴捕获率随覆冰温度降低而增大，其增加幅度显著低于其他两种表面；超疏水涂层表面的过冷却水滴捕获率随倾斜角度增大而减小，其降低幅度显著高于其他两种表面。

3. 工程效果

某电力公司 220kV 变电站位于内蒙古自治区乌兰察布地区，大青山前、后地区气象条件差距明显且输电线路覆冰情况严重，气象站全年平均气温 2.6℃，极端最高气温 36.5℃，极端最低气温 -35.9℃。年平均降水量 325.6mm，平均相对湿度 56%，累年最大积雪厚度 190mm，覆冰厚度 5mm。10m 高 50 年一遇风速 34.6m/s。最大冻土深度为 253cm。

运用增材再造方法制备了纳米超疏水绝缘子，见图 8-18、图 8-19。并与变电站人员共同将纳米超疏水绝缘子串进行现场安装应用，在后续的运行过程中重点观察，定期进行数据采集回传，持续、有效地跟进纳米超疏水绝缘子的防覆冰效果。

图 8-18　纳米超疏水绝缘子

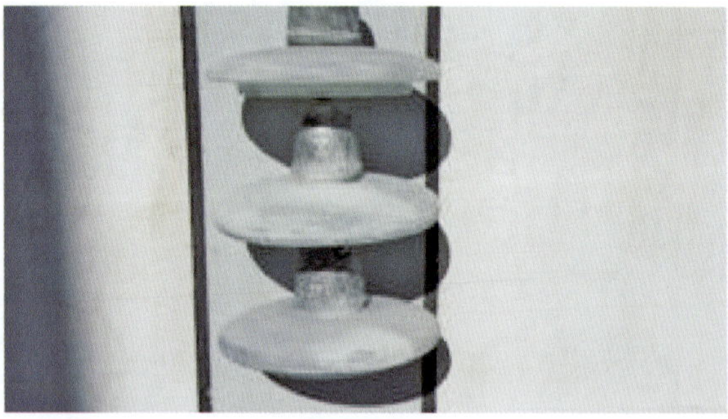

图 8-19　纳米超疏水绝缘子串

参 考 文 献

[1] 中国机械工程学会焊接学会. 焊接手册：第 1 卷：焊接方法及设备［M］. 第 3 版（修订本）. 北京：机械工业出版社，2016.

[2] 徐滨士，朱绍华. 表面工程的理论与技术［M］. 北京：国防工业出版社，1999.

[3] 徐滨士. 表面工程与维修［M］. 北京：机械工业出版社，1996.

[4] 叶江明. 电厂锅炉原理及设备［M］. 第 3 版. 北京：中国电力出版社，2010.

[5] 许江晓. 电站金属实用焊接技术［M］. 北京：中国电力出版社，2010.

[6] 姜求志，王金瑞. 火电厂金属材料手册［M］. 北京：中国电力出版社，2001.

[7] 田宝红. 高速电弧喷涂 Fe_3Al/WC 复合涂层高温冲蚀行为研究［D］. 沈阳：中国科学院金属研究所，2000.

[8] 朱子新. 高速电弧喷涂 Fe－Al/WC 涂层形成机理及高温磨损特性［D］. 天津：天津大学，2002.

[9] 徐维普. 高速电弧喷涂 Fe－Al/Cr_3C_2 涂层研究及应用［D］. 上海：上海交通大学，2005.

[10] 徐润生. 高速火焰喷涂 Fe－15Al/45Cr_3C_2 复合涂层研究及应用［D］. 北京：装甲兵工程学院，2006.

[11] 电力行业电站焊接标准化技术委员会. 汽轮机铸钢件补焊技术导则：DL/T 753—2015［S］. 北京：中国电力出版社，2016.

[12] 刘晓明，高云鹏，闫侯霞，等. 3 种表面技术在轴磨损修复中的应用研究综述［J］. 表面技术，2015，44（8）：103－109，125.

[13] 湖北省职工焊接技术协会. 焊接技术能手绝技绝活［M］. 北京：化学工业出版社，2009.

[14] 徐滨士. 纳米表面工程［M］. 北京：化学工业出版社，2004.

[15] 刘晓明. 纳米 Fe－Al/Cr_3C_2 复合涂层的制备及性能研究［D］. 呼和浩特：内蒙古工业大学，2012.

[16] 刘晓明，辛勇，高云鹏. 一种纳米金属复合涂层材料的制备方法和装置［P］. 中国专利：201610001871. 4，2019－07－09.

[17] 刘晓明，高云鹏，闫侯霞. 载荷和温度对 Fe－Al/Cr_3C_2 复合涂层摩擦磨损性能的影响［J］. 表面技术，2016，45（11）：55－61.

[18] 刘晓明，董俊慧，韩吉伟. 纳米 Fe－Al/Cr_3C_2 复合涂层的制备及性能研究［J］. 表面技术，2018，47（1）：224－229.

［19］ 刘晓明，杨月红，韩吉伟，等. 纳米 Fe－Al/Cr_3C_2 复合涂层及其抗高温腐蚀性能［J］. 光学精密工程，2018，26（9）：2245－2252.

［20］ 刘晓明，马文，闫侯霞，等. 纳米 Fe－Al/Cr_3C_2 复合涂层的抗电化学腐蚀性能［J］. 光学精密工程，2019，27（9）：1950－1959.

［21］ 刘晓明. 电站金属部件焊接修复与表面强化［M］. 北京：冶金工业出版社，2021.

［22］ 刘晓明，陈鹏，汪鹏，等. Fe－Al/碳化铬系列功能涂层的腐蚀动力学方程的拟合方法［P］. 中国专利：202311650905. 9，2024－04－26.